七天化身烘焙老司机

BECOME
A VETERAN
OF BAKING
IN
SEVEN DAYS

童铃 / 著

中国轻工业出版社

图书在版编目（CIP）数据

七天化身烘焙老司机 / 童铃著 . — 北京：中国轻工业出版社，2018.12

ISBN 978-7-5184-2141-1

Ⅰ . ①七… Ⅱ . ①童… Ⅲ . ①烘焙－糕点加工 Ⅳ . ① TS213.2

中国版本图书馆 CIP 数据核字（2018）第 235849 号

责任编辑：翟　燕　　责任终审：劳国强　　整体设计：王超男
策划编辑：翟　燕　　责任监印：张京华

出版发行：中国轻工业出版社（北京东长安街6号，邮编：100740）
印　　刷：北京博海升彩色印刷有限公司
经　　销：各地新华书店
版　　次：2018年12月第1版第1次印刷
开　　本：720×1000　1/16　印张：14.5
字　　数：260千字
书　　号：ISBN 978-7-5184-2141-1　定价：49.80元
邮购电话：010-65241695
发行电话：010-85119835　传真：85113293
网　　址：http://www.chlip.com.cn
Email：club@chlip.com.cn
如发现图书残缺请与我社邮购联系调换
150051S1X101ZBW

本书的正确打开方式

学习不仅要讲方法，也要讲方法论，方法正确，方法论科学，大家才能更高效地学好一门新学科。如果这本书仅提供配方，我当然省事了，但无助于读者掌握学习的规律。我自己是从茫茫的配方大海开始学习烘焙的，因为没有线索，所以学习的过程十分漫长，我希望大家能学得比我快、比我好，所以就多说几句吧。

第一，如果七天就完成从烘焙新手到“老司机”的转变，会导致工作量太大，劳动强度太高，我估计一天下来大家就得累成内伤。但凡学习就要经历一个消化吸收的过程，但凡过程就必然需要时间，学习之路不会平坦，遭遇失败很正常，失败了就要反思，就要复盘，这都需要时间，所以本书确系无耻的标题党，书名只想说明烘焙不难。

我建议上班族分七个周末把这本书学完，家庭主妇、自由职业者可以做两三款停几天，消化消化，再往下学。

学得快和学得好是两个重要指标，两手抓、两手都要硬。

第二，虽然七天成为烘焙“老司机”有点扯，但把烘焙体系分成从易到难的七部分，我是考量过的。我希望通过这本书的学习大家能构建一个基本完整的烘焙知识体系和技能体系，然后再根据自己的兴趣精修小分科，比如大家接下来可以专攻饼干或者面包这样的细分品类，往纵深方向使劲。只有把一个体系之下的知识融会贯通了，才能前后呼应，豁然开朗。

这就像装修房子，我们首先要有概念——客厅、卧室、厨房、卫生间都得装修，不能某个房间装修得美轮美奂，其他部分是毛坯。学习烘焙也一样，框架先搭起来，再一个知识点一个知识点地往里填，一个配方一个配方地去尝试。

知识不成体系的情况下，我们很难高屋建瓴地看问题。东一榔头西一棒槌地做甜点，觉得自己的最爱是蛋挞，于是直奔蛋挞那页，或者觉得麦当劳的派不错，赶紧搜配方来做，这就好比卫生间贴了地砖，但忘了做吊顶，厨房装了厨柜，但忘了安水龙头，倒不如统筹安排一下，反而学习效率会更高。

罗辑思维在第 205 期《这一代人的学习》中主张碎片化的学习，认为现代人应该根据眼前的场景来构建知识，一点一点往前拱。我觉得这个观点对了一半，这要根据我们的学习目的而定——如果目的是当个杂家，或者拥有更开阔的视野，这样学是可以的，但如果志在掌握一门学科，那还是应该先打好基本功，在拥有完善的知识体系和技能体系的前提下，再根据眼前场景来构建知识。

先整体再局部，先宏观后微观，没毛病。

第三，我把操作课程分为“烘焙精读课”“烘焙泛读课”和“把知识拉伸一下”三部分：烘焙精读课是详解，有图片、有文字、有“补丁”，甚至我还画了几笔，就怕大家看不明白；烘焙泛读课里的配方只有文字，但涉及的知识点和技能点在精读课里已经出现过，如果有没讲过的，我会补上图片；把知识拉伸一下则是以前讲过内容的加强版或简修版，某些部分稍微改改就是一款新的美食，要是写成一个单独的配方又显得本书水分很大，所以我简单说明一下。

大家可以通过泛读课考查自己掌握了多少。如果精读课里的配方都能做成，那么泛读课也不会有问题，如果泛读课里的任务无法完成，那就再把精读课的内容复习一下。

我希望大家的烘焙能力有这样的阶梯式提升：

阶段一：根据图文并茂的配方完成甜点的制作。

阶段二：根据配方完成甜点的制作，关键做法需要参考图片。

阶段三：只看纯文字的做法说明就能完成甜点的制作。

阶段四：只看所用材料就能自动脑补做法。

阶段五：改善传统配方。

阶段六：自创甜点，独具一格。

学完本书，至少要达到阶段三的能力要求。

第四，为了方便传递碎片化的知识，我特设微信课堂，“金牛老师”是我，“西瓜妹”……其实也是我，不过是曾经的我。

第五，不要尽信权威，不要尽信书本，我所说的每一个技巧、每一条规律，希望大家都用实践来验证是否正确。

一方面，知识需要缝合，我写的知识是我的，只有当你思考、实践、对比、复盘之后，才缝合进入你自己的知识体系。

另一方面，独立思考的能力无比宝贵，经验主义无比可怕，坚决杜绝把谬误一代又一代地往下传。你们完全可以质疑我、否定我，反正我也不知道，但是，我希望这些质疑和否定都来自实践，而不是道听途说、口口相传。

我已经努力让它成为一本科学、实用、详细的教材，你们也要用功啊！

目录

第三天
慕斯

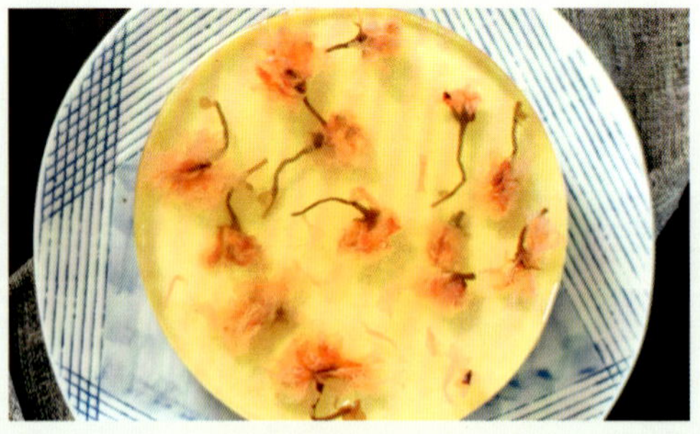

第四天
比萨、焗饭和千层面

第五天
派和挞

第六天
中式甜点

第七天
面包

附录

金牛喊你来唠嗑

入门成本算一算：在谈论热爱之前，我们先谈论金钱

我们上学有学费的预算，旅游有旅游的规划，投资有投入产出比的考虑。烘焙是一项学习，也是对自己的一项小小投资，所以账还是算清楚的好，我们讲激情也要讲理性。

一上来就谈钱确实不太浪漫，不过我也没办法，每个卖书的网站都仅让大家预览到书的最初几页，所以这部分只能放在前面。大家可以先盘算一下为一项爱好花这么多钱值当不值当，不值当就直接弃剧吧，别说买工具买原料，我写的这本书都不必买。

把烘焙这事说得天花乱坠，让大家不管不顾地一头栽进来，我认为这是不负责任的做法。

有的同学是铁了心要学烘焙，有的同学只想让自己显得多才多艺而已——我说这话完全没有贬义，我以前开的咖啡馆就用过一个小妹，她除了学煮咖啡之外，还学钢琴呢，还背诗呢，并不是要成为专家，而是志在找个好对象。我举双手赞成她的行为——树立一个目标，然后全力以赴，在没有伤害别人的情况下让自己变得更好，这是何等正确的人生观啊，为了全人类的幸福而努力和为了泡男人而努力在我看来没有区别。

所以，如果目标是为了让自己有高级感，我觉得练练书法啥的更合适，成本可低多了，买支毛笔买瓶墨汁、再弄几张纸就齐活了。我说这话也没有贬义，我作为金牛座一贯的观点是女孩子精明能理财是优点，少花钱甚至不花钱就能整出高级感来那叫本事，好姑娘都是在花枝招展地捂紧了钱袋子，像包法利夫人这种被男人用情书啊、眼泪啊、鲜花啊骗得破产的才叫有毛病。

当然我希望大家来学习烘焙，毕竟我自己的人生从烘焙开始进入了一个神清气爽的阶段：开始活得真实了，更多地观照自己的内心了，也是从烘焙开始，我对自己的能力开始信心满满。所以烘焙是一项非常正能量的兴趣爱好，有利于舒畅心情，有利于开拓人生新境界，我希望每一位读者朋友都拥有美好的人生。

下面是我列的最低预算，给大家做个参考，配置要往高了飙就没法说了，根本就没有上限，只要有钱，二十万的烤箱随便买，一万多的厨师机随便用，整个世界都是你的！预算部分土豪可以略过不看，反正他们也不在乎买的书里有一部分内容无用。

这下看出来了吧？
谁一直在掏心掏肺地和你们讲心里话？
谁每一分每一秒都在为你们考虑？
谁才是世界上最疼爱你们的人儿？
是我是我就是我。
什么都别说了，吻我！

我吻，还不行吗？

基本预算

<table>
<tr><th colspan="3">设备名称</th><th>价格</th><th>说明</th><th>必须买</th><th>最好买</th></tr>
<tr><td rowspan="5">电器</td><td colspan="2">烤箱</td><td>300元/个</td><td>关于烤箱的选购，后面有长篇大论的叙述，这里只说明一点：300元的仅能达到最低配置，还多半是镀锌内胆，用上几年是安全的，妄图和这个档次的烤箱白头偕老的同学趁早死心吧</td><td>★</td><td></td></tr>
<tr><td colspan="2">料理机</td><td>100元/个</td><td>功率大小无所谓</td><td>★</td><td></td></tr>
<tr><td colspan="2">电动打蛋器</td><td>50元/个</td><td>我见过最便宜的售价30元，重量才0.65千克，无法想象这是用什么材质做成的，所以不建议买这么便宜的</td><td>★</td><td></td></tr>
<tr><td colspan="2">面包机</td><td>250元/个</td><td>主要是用它来揉面，建议喜欢下厨的同学买个高档一点的，毕竟面包机的功能很多，只用来揉面屈才了</td><td>★</td><td></td></tr>
<tr><td colspan="2">厨师机</td><td>500元/个</td><td>如果已经有了料理机、电动打蛋器和面包机，那么厨师机可以不买</td><td></td><td>★</td></tr>
<tr><td rowspan="5">计量工具</td><td colspan="2">电子秤</td><td>25元/个</td><td>我在“很多人的咖啡馆”用过25元的电子秤，还可以</td><td>★</td><td></td></tr>
<tr><td colspan="2">量杯</td><td>5元/个</td><td>5元的也就一破塑料片，看上去有点寒酸，不过使用上不成问题。如果料理机上自带计量刻度，也可以不买</td><td></td><td>★</td></tr>
<tr><td colspan="2">量匙</td><td>5元/个</td><td>量匙我从来没用过，因为懒得记每种匙对应的重量，但我不反对别人用，使用量匙会让整个称重过程更快</td><td></td><td>★</td></tr>
<tr><td colspan="2">烤箱温度计</td><td>20元/个</td><td>如果选的是300元的烤箱，我看还是买一个吧。我人生第一个烤箱价值299元，虽然屌丝烤箱和我这种菜鸟看起来是天造地设的一对，但我忍不住要吐槽——其温度之不靠谱只能用“丧心病狂”这四个字来形容</td><td>★</td><td></td></tr>
<tr><td colspan="2">食品温度计</td><td>20元/个</td><td></td><td>★</td><td></td></tr>
<tr><td rowspan="7">模具</td><td colspan="2">饼干模</td><td>10元/个</td><td>你们就随便买几个吧，有几个就行，其中要包括姜饼人的模子</td><td></td><td>★</td></tr>
<tr><td colspan="2">蔓越莓饼干模</td><td>8元/个</td><td>其实可以用长方形的盒子代替</td><td></td><td>★</td></tr>
<tr><td colspan="2">吐司模具</td><td>35元/个</td><td>我在某宝上看到有一款标注15元，正想怎么这么便宜呢，打开链接一看才知道：吐司盒的盖15元，连盖带盒35元</td><td>★</td><td></td></tr>
<tr><td rowspan="4">蛋糕模</td><td>阳极</td><td>30元/个</td><td>我说的是6寸蛋糕模，三能的大约30元能拿下，如果选购杂牌货那就20元以内吧</td><td>★</td><td></td></tr>
<tr><td>硬膜</td><td>35元/个</td><td>依然是本书常用的6寸以及我最热爱的三能的价格标准，风和日丽和法焙客的没用过，不详。买杂牌子要靠运气，运气好也能淘到又便宜又好用的，运气不好买到的硬膜就不太硬，随便擦擦就给刮花了</td><td>★</td><td></td></tr>
<tr><td>硅胶</td><td>10元/个</td><td>至少给玛德琳蛋糕准备一个硅胶模具吧，我用的是硅胶的九连模，很满意</td><td>★</td><td></td></tr>
<tr><td>玛芬连模</td><td>15元/个</td><td>玛芬和纸杯蛋糕专用，如果不常做玛芬，可以买一次性蛋糕模</td><td>★</td><td></td></tr>
</table>

续表

设备名称		价格	说明	必须买	最好买
模具	慕斯圈	20元/个	至少准备一个6寸的	★	
	凤梨酥模	15元/10个	凤梨酥模要和凤梨酥一起进烤箱，所以请多准备几个。这和饼干模不同，饼干模在面团上压完形就撤，不必进烤箱	★	
	比萨盘	15元/个	陶瓷的和硬膜的都可以	★	
刀具	脱模刀	2元/把			★
	抹刀	8元/把	买！总不能用菜刀在蛋糕上抹奶油吧	★	
	锯齿刀	20元/把	切吐司和蛋糕时用锯齿刀，边缘会特别平整	★	
装饰工具	裱花袋（布）	10元/个		★	
	挤花嘴	4元/个	至少要买一个齿形挤花嘴	★	
	刮板	3元/个	如果没有刮板，给蛋糕上奶油时边边角角抹不平	★	
一次性用具	油纸	6元/卷		★	
	锡纸	10元/卷		★	
	裱花袋（一次性）	6元/包			★
其他	筛网	10元/个		★	
	橡皮刮刀	8元/把		★	
	分蛋器	5元/个	这个价格买的分蛋器材质是塑料的，不锈钢的贵一些。我见过5毛钱的特价分蛋器，也不是不能用，但各位买的时候不一定能赶上特价		★
	硅胶垫	15元/块	如果家里有多余的砧板，硅胶垫可以不买		★
	刷子（硅胶刷或羊毛刷）	10元/把	硅胶的不够细腻，羊毛的会掉毛，能接受哪种毛病就买哪个	★	
	擀面杖	6元/个	随便买一个吧，最高档的应该是乌木擀面杖吧，预算宽裕的同学也可以买一个来玩玩，有朝一日别人家摆出祖传的大金链子，我们的娃拿出祖传的擀面杖，那品位……大家闭上眼想想那场面吧	★	
	打蛋碗	30元/个	家里有大海碗的可以不买		★
	手动打蛋器	10元/个		★	

其他的就不用说了吧！碗、勺、灶、锅、杯……都是过日子必备的家伙。

仅买必须的，总计一千元出头，不过面包机可以先不买，因为最后一天才用得到（2018年物价）。

以为这就完了？

不存在的，这只是一次性投入，还没算烘焙原料呢。

烘焙原料中消耗最大的是黄油，其他都还好啦。

我可以负责任地说，烘焙烧时间，但不烧钱，学烘焙比学咖啡、学红酒成本低多了，而且也不需要一次性把所有工具和原料都买齐，完全可以学到哪儿买到哪儿，先投入个几百块，买低端烤箱、电子秤、打蛋器这样的基础工具玩玩，确认自己喜欢烘焙后再继续投入。

最后还有两点说明：

第一，食材的实际用量肯定比我书中所写的用量多一些，因为还有试错成本，这不是浪费，也不能说明我们无能，而是每个人成长必须付出的代价。

第二，以我当年开咖啡馆的采购经验来看，建议大家集中在一两家店购买，这样凑成一个大单可以向商家要求更多的折扣。

好了，接下来就让我们元气满满地开始人生新征途吧！

烘焙器具大阅兵

在说器具之前，我们先把思路理一理，毕竟烘焙这门学科来自西方，和中式烹饪的思路不一样。

第一，烘焙在工具上讲究专项专用。

中式烹饪在工具使用上向来主张一物多用，能者多劳，心有多大，舞台就有多大，一把菜刀既能切肉，也能削土豆，还能去鱼鳞、划花纹，最多就分个文刀和武刀——剁骨头这种粗活笨活交给武刀，其他不管整成丝、条、块、片中的哪一状，也不管两百多种刀法中的哪一种，都归文刀管，话说菜刀也是很辛苦的。

一个电饭锅，既要煮饭，也要熬粥，也要蒸蛋羹，也要煲汤，我看网上有很多人在搞电饭锅蛋糕，这其实也体现了中式烹饪的特点：都这么多才多艺了，再做个蛋糕也没问题。

我人生第一次也是最后一次用电饭锅做戚风蛋糕，蛋糕没做成，还把排气阀给烧烂了，但是我觉得自己精神可嘉

在这种思维模式下，工具是辅助性的，我们的双手才是唱主角的，所以中式烹饪对手的要求非常高，拥有灵巧双手并且经过大量练习的人才能把食物做得美轮美奂，好处是很省钱，因为几乎不需要花太多成本去买工具，坏处是真的很难啊！

西方人的思路是一物一用，专项专用，橡皮刮刀就是拌面糊用的，费南雪蛋糕模就只能做这一种蛋糕……一件工具，撑死了也就两三项功能，没有谁是多面手。

人类想象的任何造型都依赖工具来搞定。

你想做小猪饼干吗？用猪形模子呀。

你想做比萨吗？用派盘呀。

你想在蛋糕卷上画图案吗？用油纸和彩绘垫呀。

形形色色花样百出的工具可以弥补一个人手笨的短板，这其实降低了入门的门槛，我们可以没有美术基础，可以手工课不及格，但不妨碍我们成为烘焙高手。

在不考虑食材成本而只从工具的角度来评判西点和中点哪个更贵时，就得看我们重视什么了——如果我们认为金钱成本更重要，那么毫无疑问西点比较贵；如果我们认为时间成本更重要，那么中点更贵，甚至不止是贵的问题，还存在着一定的风险——就算夜以继日地练习，也不见得就一定能做好，像我这种手笨的，迄今为止都没有学会给包子收口。

是否看到银子离我们远去的背影？

别怕，我会在本文的最后告诉大家如何在学习烘焙这件事上树立正确的金钱观。

第二，既然选择了烘焙，就请和“大概齐”“差不多”的想法说再见，电饭锅蛋糕、微波炉蛋糕、皇后锅蛋糕都不值得追逐，我们要的是精准——工具的精准、用量的精准和时间的精准。

一物一用、专项专用意味着这个工具是最专业最匹配的，比如烤箱，可以控温，可以选择烘烤方式，可以根据需要选择是否水浴，这些电饭锅都做不到。不是我把锅烧坏了才这么说，而是用电饭锅做的戚风蛋糕确实特别矮，在材料分量相同的前提下，电饭锅戚风的高度不到烤箱戚风的一半。

烘焙配方上一般也不会写盐适量、糖适量、色拉油适量这种语意模糊的文字，我们更习惯说黄油几克、糖几克、面粉几克，称称量量看似很麻烦，实际上只有把事情量化了，操作才变得更容易，也让烘焙成品品质更稳定。

时间是以分钟来计，并且会说明条件：室温下还是放冰箱内，放冰箱冷藏室还是冰冻格，而不会是“腌半天”“放一会儿”这样含糊的语言。

有个诗人曾经写过这样一首诗：

“从明天起，做个较真的人，
买烤箱，用电子秤，计量重量，设置时间，
亲爱的我，我要给自己打电话。
愿我有一个灿烂的前程，
愿我有志者事竟成，
愿我在尘世获得幸福，
我只愿面朝烤箱，口水哗哗！”

一、电器类

（一）烤箱

1. 烤箱的选购

前文讲烘焙入门成本时提到过烤箱，但那篇文章重在钱数，而且表格太小了，知心的话儿来不及讲，这里重点讲讲怎么选购烤箱。

最重要的维度有以下三个：

（1）容积

选25升以上的，再小就没意思了。

我见过最小的烤箱只有10升，据说是入门必备，我这么抠门的金牛座也看不下去了，入门不能这么个入法啊：空间低矮，勉强分两层，连个6寸蛋糕模都放不进去；饼干一次只能放8块——烤8块饼干和烤28块饼干的时间成本是一样的，吭哧吭哧整半天，啊呜一口就吃掉，这会不会太浪费生命了啊？同样受伤的还有电力成本，烤箱固然是越小越省电，但如果计算一下边际成本，就会发现这八块饼干的电力消耗相当惊人——老师在这里又要敲黑板了，尽量环保啊同学们。

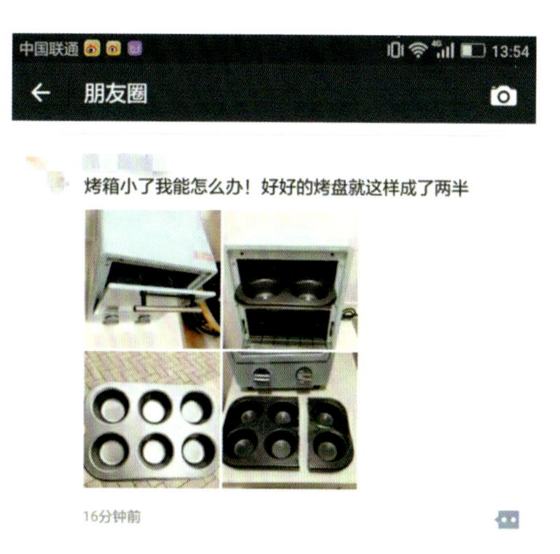

这是我从朋友圈截的图，有个朋友因为烤箱太小，玛芬六连模放不进去，只能生生地切成两半

不过以上都不是最重要的，大家要是有钱有闲又喜欢作，当然可以时间随便耗，电随便用，一次就烤 8 块，多烤 1 块宝宝还不开心了呢。最重要的是，小烤箱存在受热严重不均的问题，烤箱受热的均匀程度和容积成正比，容积越大受热越均匀。小烤箱靠近内壁的部分，热死，靠近箱门的部分呢，又凉死——好吧我夸张了，运转着的烤箱怎么可能是凉的呢？不过温度偏低是事实。温度不同，导致上色不同，统共 8 块饼干，里面 4 块烤成黑色饼干，外面 4 块烤成黄色饼干，当然我们也可以构思一个有色饼干相亲相爱的故事。

那是不是越大越好呢？貌似也不是。

大烤箱占空间不说，耗电也很厉害，饼干或许一次能烤 100 块，边际成本下来了，然而总成本又上去了。

也有可能大家对烘焙不是真爱，只不过看到电视剧里女主角做面包的样子很迷人，想仿效一下，或者误信"抓住男人的心要先抓住男人的胃"这种鬼话，准备掏心掏肺地对男朋友好……然而人心都是善变的，隔了一阵我们又不想变迷人了，又不想讨男朋友喜欢了，那歌怎么唱来着？

"对烘焙的爱就像便便，水一冲就再也回不来了。
对烘焙的爱就像便便，来了之后挡也挡不住。
对烘焙的爱就像便便，每次都一样又不太一样。
对烘焙的爱就像便便，一段一段又一段，可是一旦出了问题，也会来那么一大滩，不大好处理。
对烘焙的爱就像便便，太多了伤身体，太少了又会怀疑自己是否有问题。
对烘焙的爱就像便便，有时候就是屁大个事儿也能把人折腾得精疲力尽。
对烘焙的爱就像便便，有时努力了很久却只是一个屁。"

那搞一个巨无霸烤箱干嘛？

总之，大家根据厨房面积、家庭成员数量、学烘焙的决心在 25~45 升的烤箱中选一个吧。

（2）内胆

主要分镀锌钢板、镀铝钢板、不锈钢钢板、搪瓷内胆四种。

A. 镀锌钢板

最常见也最廉价，国内低端烤箱的标配，能耐 300℃高温，鉴于一般烤制需要的温度撑死了也才 250℃，就算合格了。

但让人不开心的是，镀锌钢板并不是一种经久耐用的内胆，长期忍受高温会让其表层氧化，从而释放出有毒物质。

我这个化学渣来解释一下吧，当然只能把我能理解的部分简单说说，指望我写化学公式说明问题的同学可以退场了。

因为镀锌板本身很容易被腐蚀，所以需要进行钝化处理，在其表面形成一层钝化膜，最传统最经济也是最有效的钝化工艺是六价铬钝化，然而六价铬是一种容易被人体吸收的吸入性剧毒物，钝化膜一旦被破坏，其中的六价铬化合物与潮湿的空气生成铬酸，一旦粘在食物上，被人类吃下去，后果很严重——致癌、遗传性基因缺陷……都可能会发生。我没有吓唬大家，欧盟在2006年时已经规定投放欧洲市场的电子电气产品禁止或限制采用六价铬物质。

在国内，镀锌钢板已逐渐退出市场，取代它的是镀铝钢板。

B. 镀铝钢板

国外低端烤箱的标配，能耐600℃高温，寿命也比镀锌的长60%左右，还耐腐蚀。缺点是不够硬，不过和镀锌会放毒相比，这都不算事儿，我们可以忍，所以镀铝钢板是所有内胆中性价比最高的一款。

C. 不锈钢钢板

高大上的来了，嵌入式烤箱和商用烤箱的标配之一。

来说说不锈钢钢板的优点吧：比镀铝钢板更耐高温、更抗氧化、更防腐蚀、寿命更长。

当然，缺点也是几个“更”：价格更高、更容易脏、清洁起来难度更大。车库咖啡那个烤箱的内胆就是不锈钢的，我试图清洁过一次，确实不好弄，绝不是油污净喷一喷、抹布擦一擦就能解决的——所以别问我怎么办，我也没办法，只能庆幸那烤箱不是我的，否则我会发疯的。

商品介绍　规格参数　售后保障

型号	CKTF-25G
外观颜色	红色
类别	机械版
外观式样	台式
外观材质	其他材质
产品特质	
定时功能	支持
温度调节	支持
内胆材质	镀锌钢板
发热管材质	不锈钢管
开门方式	下开门
温控形式	机械双温控器

客服　进店　购物车　加入购物车　立即购买

每个购物网站都会提供规格参数给大家，烤箱用哪种内胆在规格参数里能看到

商品介绍　规格参数　售后保障

商品参数

商品编号	1809321794
主体	
外观颜色	银色
类别	电脑版
外观式样	嵌入式
外观材质	其他材质
容量	40升以上
产品特质	
定时功能	支持
温度调节	支持
内胆材质	不锈钢钢板

客服　进店　购物车　加入购物车　立即购买

D. 搪瓷内胆

最高大上的来了，嵌入式烤箱和商用烤箱的标配之一。

当然啦，偶尔也有低端烤箱在其他参数都很不怎么样的情况下，安了个帅炸天的搪瓷内胆，这倒也没什么不可以，就是感觉怪怪的，如同全身地摊货配了个爱马仕包包，也不知道是拉高了地摊货的品位呢，还是降低了爱马仕包包的档次……

无辐射、无污染、无残留、易清洁、不含有害物质……用来赞美一种材质的所有好的形容词，它都值得拥有。

只要买得起，谁不喜欢搪瓷的呢?

（3）类型和控温方式

按类型分，有嵌入式和台式两种。

按控温方式分，有电子控温和机械控温两种。

如果不考虑其他因素，只考虑最好用，那么选购顺序如下:

首选嵌入式电子控温，次选嵌入式机械控温，再次选台式电子控温，最后选台式机械控温。

不过嵌入式烤箱的容积都在 50 升以上，对新人来说，人生的第一台烤箱用嵌入式有点奢侈。

嵌入式烤箱也不适合做乳酪蛋糕，因为乳酪蛋糕要求水浴，这会让烤箱内部湿度非常大——要知道嵌入式烤箱可是烤箱中的豌豆公主，怎么受得了这个呢?

（4）其他（品牌、功能等）

基本可以忽略不计。

烤箱本身的技术难度并不大，就是几根管子在发热，所以市场上的品牌大家随便选，看哪个顺眼就买哪个吧，我用过五六个牌子的烤箱，没觉得谁家的有特异功能。

功能上，只要能上烤、下烤、上下烤，都是符合要求的好烤箱。迷你烤箱的功能特别少，不过我前面说了，至少选择 25 升以上的烤箱，所以一般来说不存在功能不够的问题。

不过话又说回来，我确实在一个朋友的咖啡馆里见过一种体形庞大的烤箱，样子倒蛮霸气的，然而只有下烤功能——真的不是坏了，好像是烤羊肉串专用（我突然觉得很梦幻，咖啡馆为什么要烤羊肉串啊，我真的是在现实中见到过这款烤箱的吗?）。我用它烤过一次饼干，完败。鉴于世上还存在这么古怪的烤箱，大家在选购时请把参数仔细看一遍，我自从看到这个羊肉串烤箱后，都不敢打包票大烤箱一定功能足够，只能加个前缀“一般来说”。

还有就是预算，预算多少当然由大家自己定，原则是预算之内买最贵的。

最后，把我在知乎上看到的一句话和大家分享:

“先买个便宜的用一阵子，你就知道下一个该买什么样的了，听别人推荐永远有不符合你要求的地方。”

理论来源于实践，不实践无以谈理论，烘焙主要是实践课，课余才聊点理论装高雅，所以，我前面说的都是废话。

怎么样？懵圈了吧？傻眼了吧？哇哈哈哈哈。

2. 外挂是低端烤箱的好朋友

鉴于我们人生第一个烤箱不需要搞得太隆重，所以可以选个低端烤箱，但是东西一廉价就会有些小缺陷，这时候就要加外挂了。

比如温度计。

如果说迷你小烤箱的温度极其不靠谱，那么机械控温的大烤箱温度就是比较不靠谱，有时都能差上几十度，电子控温的会好一些，嵌入式烤箱基本没这个问题，反正一分钱一分货，这个也没什么好说的，就讲讲怎么办吧。

第一，当然是和烤箱磨合，我们要把烤箱当好朋友，然后通过一次又一次地烘焙去熟悉这位好朋友的特性，偏高还是偏低，预热需要几分钟……这都是磨合之后才能知道的。

第二，温度计。烘焙需要的温度计有两款，一款测烤箱温度，一款测食物温度，这里当然是烤箱温度计了。

再比如手电筒。

有的烤箱自带烤灯，随时可以看到里面食物的情况，有的没有这个装置，需要我们拿个手电筒往里窥探，尽量不要用打开烤箱的方式来看，会降低箱内温度。

又比如计时器。

机械控温的烤箱用着用着定时就会变得不准，这时可以加个计时器，如果没有计时器，那就用手机定时。

（二）料理机

料理机

我把黄豆泡软了，再用料理机磨碎，这是最后煮好的豆浆

料理机是很重要的帮手，烘焙的时候我们需要它，不烘焙的时候我们也需要它，比如说，想自制豆浆又没有豆浆机，就可以用料理机来处理黄豆。

再比如说，我以前咖啡馆有个客人的儿子不吃水果，客人就把水果和其他食材放入料理机中转一转、搅一搅、打一打，做成奶昔，小朋友吃得可高兴了。

所以买料理机的钱不能省，但是丰俭由人，我的咖啡馆时代用的是一千多元的料理机，现在有一百多元的料理机，都能用，品牌、型号我就不建议了，大家随便买吧。

在料理机的使用上，注意两点。

第一，请保护好刀片，太硬的东西不要往里扔，比如冰块。大家想吃刨冰，可以买一个专门的刨冰机；想吃冰沙，请先把冰块放进刨冰机刨成冰屑，再用料理机打成冰沙，直接放料理机里会损坏刀片。当然刀片如果真坏了，也是可以换的，大家搜一下某宝，各种型号的都有。

我特意提醒刀片问题的原因并不是刀片特别重要，而是刀片属于料理机所有部件里最容易受伤的。

第二，请保护好自己。我现在用的是一个分体式料理机，有一次忘了拔电源，左手正在拨拉食材，右手不小心摁到开关……皮开肉绽啊，痛入骨髓啊，血流成河啊，泪如雨下啊，立刻跑朋友圈博同情啊，谁知看到这样的评论："一点都不严重好吗？我爸上次也被料理机高速旋转的刀片割到了，神经割断。"天呐，这也太可怕了！我顿时收住了眼泪。

大家保重！

料理机刀片

（三）电动打蛋器

打鸡蛋、打奶油、打黄油、打奶酪，甚至做手工皂，哪儿哪儿都有它，没有它我简直活不下去。

建议大家买个好点的，我 2005 年的时候选了比较贵的一款，它硬朗地活到了 2017 年，直到被我摔坏。

我在"很多人的咖啡馆"教甜点时，他们家那个就没选好，特别特别轻，一副弱不禁风的样子，我每次用的时候都提心吊胆，就怕它发疯，然而它没有，我渐渐放松了警惕，它最终在咖啡馆承接的一个大型活动中崩溃了，关键时刻掉链子，特别讨厌！那个活动的蛋糕是我负责的，我无奈只能献上一份黑暗料理，负责传送的那个股东说他往外端的时候手都在哆嗦……结果就不多说了，在我清白的烘焙史上留了一个巨大的污点。

同学们，倾家荡产也要买个好的啊！

电动打蛋器

（四）面包机

面包机是和面小能手，还是买一个吧。

如果指望面包机来完成面包的制作，那就不用学烘焙了，幸亏面包机总是烤不好面包，所以我们一般只用它来揉面。

揉面是个体力活，人工揉面有很多优势，但确实太费时间，也太枯燥了，这个大家揉一次就知道了，非常无聊，而且揉着揉着心情就不好了。

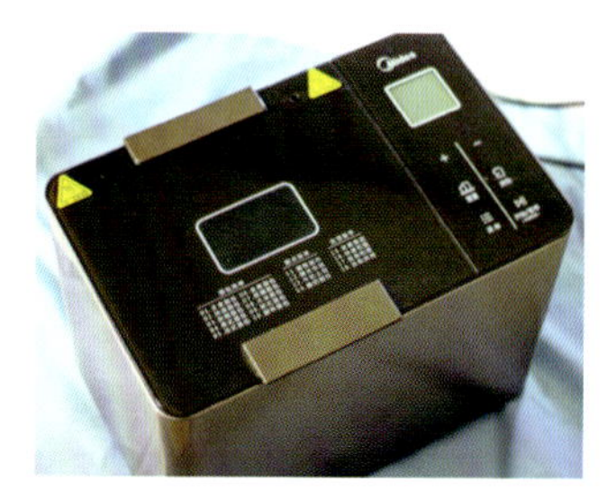

面包机

"我辛辛苦苦读那么多书就为了干体力活？"
"我为什么要把人生浪费在这种事情上？"
"比我聪明的人尚在努力，而我却在揉面！"
"我的手臂会不会越来越粗？"
"不不不，比手臂越来越粗更绝望的是两只手臂不一样粗。"

离揉出手套膜还八字没一撇，内心戏已经上演到第十八集了。

人类为什么要发明机器呢？不就是用来解放生产力的吗？所以，相信我，如果想保持身心愉快，就把揉面交给面包机吧，它会搞定一切。

当然啦，面包机也有缺点，它的功率偏低，揉个面比较耗时间，过程一拉长，就会导致面团温度过高，所以我们可以打开盖或者用冰水、冰牛奶来让面团温度降低一些。

面包机还能发酵，不过这个功能我很少用，机内温度偏高，湿度难以保证。

据说，请注意，是据说，塑料机身的面包机在揉面的过程中会产生塑料味，而且机身特别容易老化。这是我在网上看来的，因为我自己的面包机是不锈钢机身的，身边的朋友们也没有用塑料的，所以我找不到案例来支撑这种说法。保险起见，大家就别买塑料的了。

（五）厨师机

厨师机很能干，打蛋器 + 料理机 + 面包机 = 厨师机。

然而它打发鸡蛋和奶油比打蛋机更猛烈，搅拌起来比料理机更疯狂，揉起面来比面包机更迅速，它的座右铭是更快更高更强，它的人生目标是猛进如潮。

选购要求是功率 500 瓦以上的，否则揉面揉不出筋来。

对于已经买了等号前那三款工具的同学，还要不要再添个厨师机，就看你们对那三款工具的感情了，东西用久了也会惺惺相惜，难以割舍，厨师机一来，它们都得下岗。我就不瞎建议了，看预算，看心情，看对新鲜事情的好奇心。

另外，面包机在烘焙中的核心功能是揉面，但它还会做酸奶、醪糟、年糕、饺子、意大利面、果酱、泡菜……这些活儿厨师机干不了，所以面包机还是有独一无二价值的。

二、计量工具

（一）电子秤

需要注意的是电子秤脏了不要水洗，用湿布擦擦就行。

我洗一切物件的习惯都是用油污净喷一喷，静置几分钟，再放到水龙头下冲一冲，手法一直都很大条，我知道听起来有点脑残，但我人生的第一个电子秤确实就是这样洗坏的。

前面说过，烘焙追求精准，这也体现在电子秤的使用上。有人喜欢用手掂一掂，非常自信地认为这样就能知道分量。掂一掂也许能判断 5 斤（2.5 千克）和 4 斤（2 千克）的区别，保证自己在菜市场不吃大亏，但我们烘焙时要判断的是 5 克和 4 克的区别，所以老老实实借助电子秤吧，不要耍花样，不要瞎胡闹，听老师的没错。

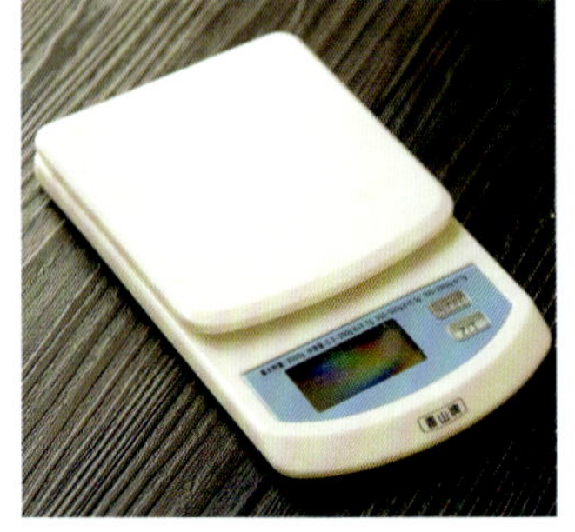

电子秤

我学咖啡的时候，老师说他可以不用盎司杯，而是通过数滴的方式来判断奶油的用量，我们都不信，他当场表演了一次，果然很准，他那可是凝聚了十几年做咖啡的功力。如果大家像我的老师一样功力深厚，我当然不反对弃用电子秤，问题是大家都和我一样，在学校拼数理化长大的，所以这个钱不要省，也不要用买菜的那种弹簧秤来称克数。

（二）量杯

如果只是实践本书提供的配方，也可以不买，因为我想不明白为什么液体就要用量杯计量，固体就要用电子秤计量，这不都是电子秤可以解决的吗？所以我在本书中写到液体时用的都是重量单位。

当然买一个也是好的，学习烘焙只看我这一本书是不够的，别的烘焙书可能习惯于用量杯计量液体，反正一个量杯没多少钱，买了也不至于伤筋动骨。

（三）温度计

需要买两个，一个是烤箱温度计，一个是食品温度计。前者作为烤箱的外挂，会在我们和烤箱的磨合期发挥重要作用，后者用得不多，但如果不买，本书中有几款甜品就只能放弃了，我建议还是买一个，将来想做手工皂了也用得上。

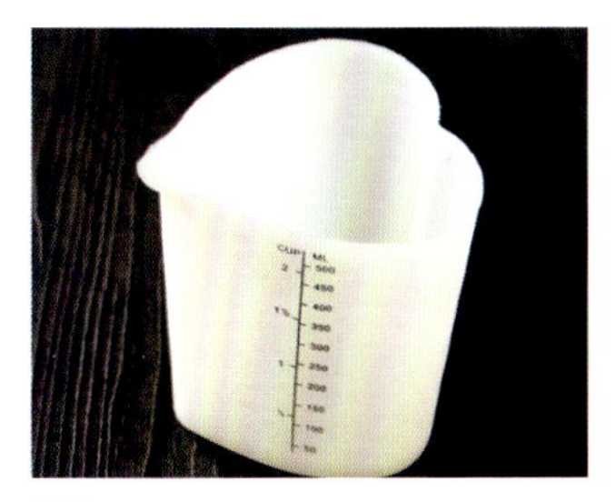
量杯

烤箱温度计

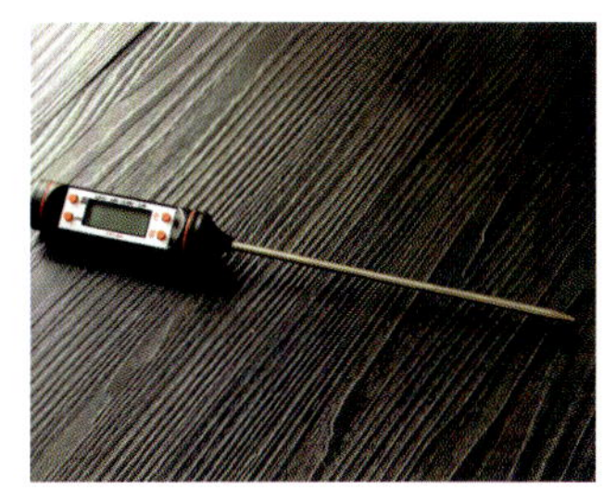
食品温度计

三、模具

（一）饼干模

这纯粹就是为了好玩，没几个奇形怪状的模子怎么可能哄得小孩子高兴呢？

饼干模不需要送进烤箱，所以每种图案有一个就行。这次写书盘点了下我的存货，发现有不少图案重复的，看来当初购买的时候确实对这种工具的使用不太了解。

饼干模

（二）凤梨酥模

和饼干模看着很像，实际大不一样，饼干模的形状比较复杂，可以是一架飞机，可以是一棵树，可以是一头猪，凤梨酥的专用模只有简单的心形、长方形、椭圆形等寥寥数种，原因很简单，每一颗凤梨酥里面都带了一大坨馅，如果塞进太复杂的模具整形，那么馅就会跑出来——不要问我怎么知道的，我的每一个经验之谈，都包含了血的教训。

凤梨酥模

（三）吐司模

做面包的时候用得上，大家按图索骥吧。

吐司模

（四）硅胶模

脱模特别特别容易，价格特别特别便宜，清洗特别特别简单，我特别特别喜欢硅胶模。

唯一缺点是不好上色，用硅胶模烤的蛋糕颜色会偏浅一些，不过把蛋糕搞那么深沉也没什么意义，这勉强算是缺点吧。

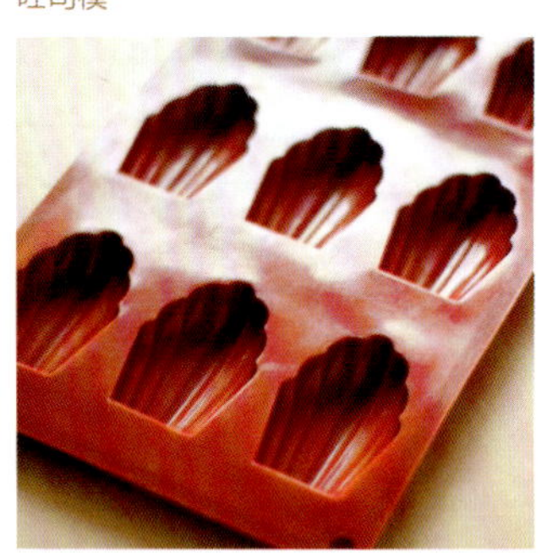
做玛德琳蛋糕的硅胶模

（五）蛋糕模

这里需要区分两组概念：固底和活底，阳极和硬膜。

先来说说固底和活底。

蛋糕模的底片能活动的称为活底模，不能活动的称为固底模。

人类为什么需要活底模，这个很好理解，方便我们把蛋糕和模具剥离。

那为什么需要固底模呢？有些蛋糕用的是水浴法，比如乳酪蛋糕，整个模子都泡在水里，如果用活底的，水就会进到模子里，最后我们会收获一个“水灵灵的蛋糕”。

固底蛋糕模

活底蛋糕模

乳酪蛋糕模

再来说说阳极和硬膜，这都是根据材质对蛋糕模进行的区分。

	阳极蛋糕模	硬膜蛋糕模
共同点	1. 同一个世界，同一个梦想。阳极和硬膜都是铝制品，铝合金比不锈钢、铁等传热更快，很节能，但铝对人体有害（油条就是含铝的大户），无论阳极还是硬膜，都是为了把铝和蛋糕隔离开 2. 同一个梦想，同一种手段。阳极和硬膜都是对铝合金模具的表面进行膜化处理	
区别	银色	深色
	用阳极电镀的方式给模具上一层氧化膜	用电解硬膜的方式给模具上膜
	质地软，易刮花，不要用钢丝球这样的硬质材料清洗，只能用软布擦，一旦刮花就要更换新的	耐磨耐酸又耐碱，模具中的汉子，各位大爷随便洗、随便搓，直接用刀割都行，看看是刀狠还是它硬，当然太便宜的就不好说了
	有粘性	不粘 派、比萨之类的面团放入硬膜模具之前，照理应该在模具上刷一层油，我屡次忘刷，然而取下来时毫无压力，实力证明硬膜模具毫无粘性

最后讲讲中空模，上面的固底蛋糕模和硬膜蛋糕模都是中空模，那么问题来了？中间为什么需要挖空呢？

当然不是因为圈形蛋糕比较好看，而是因为烘焙是从外往内加热，体积大的蛋糕中间不容易熟，中空模除了从外向内加热，也同时做到了从内向外加热，这样最终做成的蛋糕坚挺不坍塌。由此也可见烘焙工具的设计都体现了实用导向。

如果家里没有中空模，又想有圈形效果，也可以想想办法，比如用杏仁奶的包装罐，或者把卫生纸中间那个纸筒抽出来，锡纸裹一裹，都能冒充中空模，但不具备从内向外加热的防塌效果。

硬膜蛋糕模

把卫生纸的心包上锡纸放在圆形蛋糕模中间，边缘不是太光整，凑合着用吧

杏仁奶的包装罐，好像有点大，不过为了省钱只好忍了

（六）慕斯圈

给慕斯蛋糕凹造型用的。

那为啥不用蛋糕模直接凹造型呢？

这当然也是可以的，但是显然蛋糕模的造型没有那么丰富嘛，慕斯圈的存在不是为了替代谁，而是要让蛋糕有更多形状。

选购时，要注意选和蛋糕模不一样的形状，如果我们拥有

慕斯圈

圆形、心形和方形的蛋糕模，那买慕斯圈时可以避开这三种形状，可以选水滴形啊、三角形啊、梅花形啊，甚至小黄鸭形，这样就不会重复了。

（七）比萨盘

比萨盘不只用于做比萨，也可以用于做派。

比萨盘

四、一次性用具

（一）油纸

主要用途有两个：

一是垫在烤盘上，我们烤饼干、泡芙，总不能把面团直接挤在烤盘上吧？不卫生，也不好清洗，扒拉下来时还可能破坏造型，垫个油纸就能解决所有问题。我在没有油纸时也临时用餐巾纸垫过，明显不如油纸好用，做出来的甜点会和餐巾纸粘在一起。

二是可以折成小型的裱花袋，打破了工具之间的鸿沟。这不是常用功能，但比塑料的一次性裱花袋环保，因为油纸属于可降解材料。

油纸

（二）锡纸

和油纸共同的功能是垫在烤盘上，不同的地方是锡纸不渗水，所以如果我们要用水浴法烤蛋糕，但又没有固底模子，用锡纸把活底模包起来也是可以的。

另外，我们做一些烤箱菜时，把锡纸包在食材外面能防止上色过深，像鸡翅这样的食材，翅根都是肉，翅尖全是皮，这要一起扔烤箱里，翅尖都烤煳了，翅根还是夹生的，这时候用锡纸包住翅尖就会使整个鸡翅受热均匀。

锡纸

（三）一次性蛋糕模

如果有玛芬六连模的话可以不买。

做慕斯时用锡纸把模具包起来，防止慕斯糊漏出来

五、装饰工具

（一）裱花袋

有塑料材质的一次性裱花袋，也有无纺布材质的。

如果要做曲奇的话，必须用布的，这个我亲身实践过，

一次性蛋糕模

一次性裱花袋

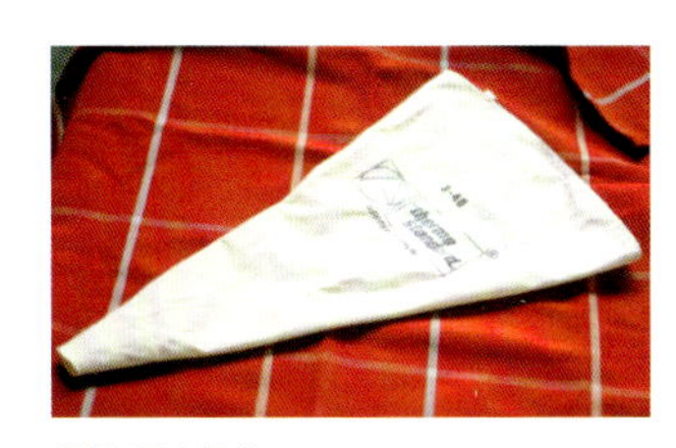

无纺布裱花袋

因为面团太稠了，塑料裱花袋会破。

挤花嘴

（二）挤花嘴

不同的嘴会挤出不同的花纹，最好来一套全乎的，最低要求是买一个齿形挤花嘴。

（三）刮板

有平角的，也有锯齿的。

平角刮板主要是两个用途：一个是在蛋糕裱花时刮平奶油用，另一个是在硅胶垫上切面团用，硅胶垫比较柔弱，抵挡不住刀具的锋利，所以温柔的塑料刮板才是它的好朋友。

如果抹奶油时希望制造纹路，也可以买个带锯齿的。

刮板

用刮板在硅胶垫上切面团

六、刀具

（一）脱模刀

脱模刀

传说中的温柔一刀，塑料材质，切东西是不行的，给蛋糕或面包脱模是靠谱的，绝不会刮伤阳极蛋糕模。

（二）抹刀

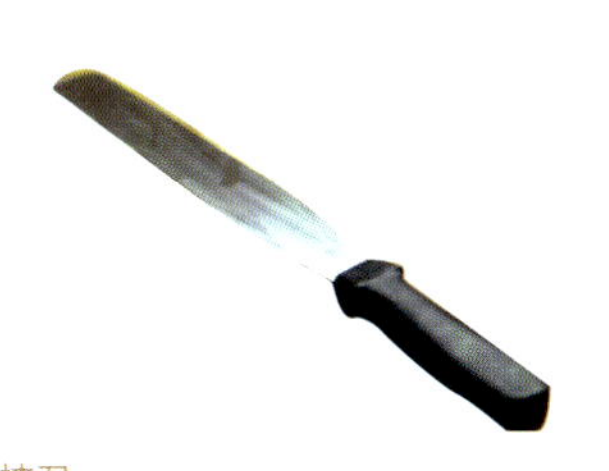

抹刀

蛋糕裱花时抹平奶油用。

和刮板的区别是，抹刀抹蛋糕的顶部，刮板刮蛋糕的四周。

（三）锯齿刀

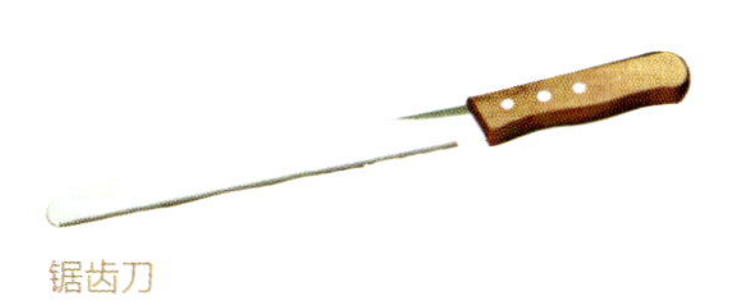

锯齿刀

切蛋糕和吐司专用，切面特别光滑平整。

大家用的时候小心割伤手，这刀和前面两把不一样，它有杀伤力。

七、其他

（一）硅胶垫

在硅胶垫上揉面团特别爽，竹质或木质的砧板都有细小的孔，塑料的砧板又不平整，只有硅胶垫堪称完美！

硅胶垫

（二）刷子

做提拉米苏的时候我们需要在手指饼干上刷咖啡液，做比萨时要在饼皮上刷比萨酱，这时都要用到刷子。

硅胶或者羊毛的，有一个就行。

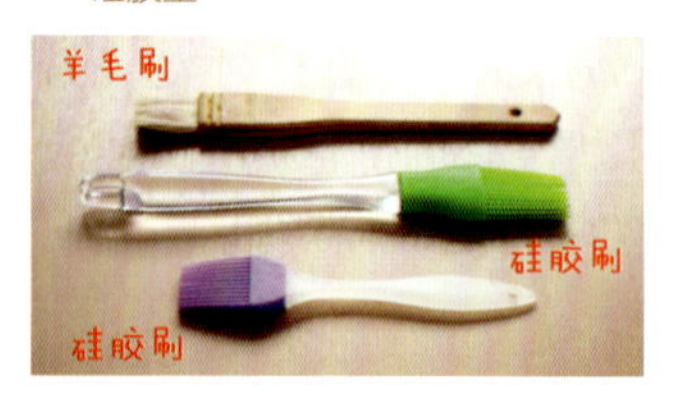

刷子

（三）擀面杖

这个不用多说了吧？一般人家里都会有，不管中点还是西点都用得上。

擀面杖

（四）橡皮刮刀

我最开始接触烘焙的时候，我用饭勺代替橡皮刮刀，因为它俩长得差不多，但是用过之后就发现差别太大了。

废话少说，直接上图。

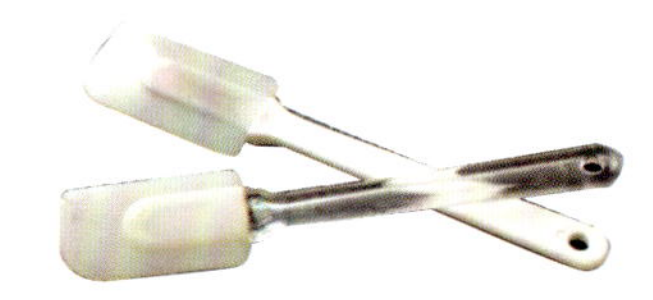

橡皮刮刀

用饭勺刮完面糊后的不锈钢盆，残留物很多　用橡皮刮刀刮完面糊后的不锈钢盆，干净利落不浪费

（五）分蛋器

不用分蛋器徒手也能分蛋，我看东方卫视的综艺节目《顶级厨师》里刘一帆、梁子庚都是徒手分蛋，但容易有细碎的蛋壳掉进蛋液中。

分蛋器能把蛋清和蛋黄彻底剥离，大家动作轻一些、缓一些，蛋黄要对准中心部位倒进去。

分蛋器

（六）筛网

筛网有细目和粗目之分，筛粉（面粉、抹茶粉、可可粉等）用细目，筛泥（蛋黄、奶酪泥等）用粗目，当然非要用细目的也不是不行，就是过程漫长一点。

无论筛粉还是筛泥，当然是为了避免颗粒感，追求更细腻的口感。

目前最时髦的是杯式面粉筛，手握杯柄，咔咔两下，搞定！这效率不是传统筛网能比的——用传统筛手得一直抖，让粉往下掉，还得控制力度，抖大发了粉会掉碗外面，造成浪费。

筛网

不过杯式面粉筛很容易坏，大家如果选择它，尽量买个贵的吧。

（七）手动打蛋器

手动打蛋器搅拌比用筷子、勺搅拌效率高多了，属于必备工具。

手动打蛋器

器具都介绍完了，我再来讲讲钱的问题吧——烘焙烧钱吗？

请问：不烘焙，大家就不吃零食了吗？就从来没把面包当过早餐？人情往来就不需要送小礼物了？

现在无非是把本来要花的钱用来买器具和食材了，器具还属于一次性投入——我们总不至于天天买烤箱换打蛋器吧（当然算成本的时候别忘了算折旧率）？该吃的甜点一样没落下，该送的礼物也送了，用的食材都是纯天然无添加，又多了项技能傍身，还在众人眼中打造了热爱生活、充满情趣、娶妻如此夫复何求的光辉形象。

这么一算就不烧钱了，毕竟谁也不能指望空手套白狼。

接下来，换严肃脸，让我们讨论下在烘焙中树立正确金钱观的问题。

以我学摄影的经验来看，但凡老惦记着更新设备的同学，都是学不好的。

“为什么这张照片拍得这么美？原来他用的镜头要一万多啊，我也去买一个。”

“为什么同样的风景他可以拍得这么出彩？他配的这块滤镜特别贵，我说呢，设备在那儿摆着呢。”

…………

真的是设备决定一切吗？

我见过太多人用高档单反拍出手机质量的照片，无构思、无构图、无审美。

烘焙也是一样，别老想着花钱，练好基本功比什么都强。

我们以为换个嵌入式烤箱就能当烘焙高手了吗？

不存在的，搞不定的配方依然搞不定，做不成的甜点依然做不成，别赖烤箱了，这就是能力不够。

再说换成什么样的才算够？这没有止境的好吗？

大家的主要精力还是要放在提高技能上，多尝试几个配方，真到了该换的时候，也别犹豫，这说明技能上已经更上一层楼了，可喜可贺。

美食演员表（上）：面粉、甜味剂、凝固剂

如果一道甜点就是一出精彩大戏，那么用到的原料就是参演的演员。

有的演员很红，比如黄油，到处都是它的身影，又比如糖，没有它简直不能称为甜点。

有的演员一生只演一部戏或一类戏，却是整出戏的灵魂，比如马斯卡彭奶酪，没有它的提拉米苏只能称为赝品，又比如马苏里拉奶酪，少了它，比萨和焗饭就不能拉丝，吃比萨和吃大饼、吃焗饭和吃炒饭完全没有区别，只是格调瞬间下降一万点。

也有的演员多数时候在跑龙套，扮演的是可有可无的小角色，比如香草精，很多配方用到它的时候，会补充一句“不加也可以”。

今天就介绍一下演员们。

面粉

这部分内容我就解释几个问题吧。

问题一：高筋面粉、中筋面粉和低筋面粉的区别是什么？

	高筋面粉	中筋面粉	低筋面粉
小麦蛋白含量	11%~13.5%	8%~11%	8%
从哪里来	硬红春小麦	硬红冬小麦	密穗小麦
到哪里去	面包、舒芙蕾等	包子、馒头、饺子、花卷等中式甜点	蛋糕、饼干、泡芙等以及炸鸡外面裹的那层脆皮等
特点	具有高强度的弹性面筋	介于高筋与低筋面粉之间	毫无弹性，无法发酵
转换	和玉米淀粉以1：1的比例混合，即能达到低筋面粉的筋度	和玉米淀粉以4：1的比例混合，即能达到低筋面粉的筋度	加谷朊粉可以提升筋度，低筋变高筋不是梦，但这么使用谷朊粉太浪费人家的才艺了，一般来说，谷朊粉用来做丸子、香肠和虾蟹饲料

问题二：为什么我们用的是小麦面粉？大麦面粉干啥去了？

小麦的外壳很容易掉下来，大麦的外壳却很难脱落，所以折腾大麦在工艺上就有难度，另外，把大麦炒一炒煮个大麦茶喝是可以的，用麦芽做啤酒也广受吃货们欢迎，但磨成粉就不怎么样了，黏黏糊糊的，极其不好吃，所以通常用来做饲料——具体来说是这样的，人类最早吃大麦，煮着吃，但自从发现了小麦这么宜人的东西之后，就果断抛弃了大麦，现在当然还有人在吃大麦，但已经很小众了，比如藏区的青稞，就是大麦的一种。

韦恩·吉斯伦写的《专业烹饪》（第四版）里把烘焙用到的面粉都说成是大麦面粉，我觉得应该是译者的问题吧，韦恩·吉斯伦这样的技术大牛不可能搞不清大麦小麦的区别。

小麦面粉当然拥有各种优势了，我在《食物与厨艺：面食·酱料·甜点·饮料》这本书里看到这样一段激情洋溢的赞美：

“小麦面粉是一种古怪而美妙的东西！任何其他种类的粉末若与水和在一起，得到的会是单纯、稳定的面糊。不过，若是拿一份面粉和半份的水调和，混合后的成品却好像会活起来。一开始形成的面团黏性十足，也不易改变形状。但揉捏一段时间后，面团变得大有活力，原本抗拒变形的特性也消失了，施压后还能弹回，停止揉捏之后依旧保持弹性。就是这种黏稠又有活力的特质，让小麦面团有别于其他谷类面团，能制作出轻柔细致的面包、薄片般的酥皮，以及柔滑的面食。”

说实话，我还挺感动的，虽然标点符号用得很奇怪，但确实充满了真情实感，夸奖也着实夸到了点子上。我很烦那些非要在食材里塞进拟人化的精神或者养生作用的观点，我不明白持有那样观点的人到底爱食材什么。

还有那些天天讲食疗的，他们是因为某种食物吃了能长寿才爱它？

如果食材不具备功利的作用，是不是就不值得被爱？

我觉得还是应该关注食材本身，抛开小麦面粉所含的一切营养要素，它本身就是一种可塑性很强、很有魅力的食材。

问题三：超市里的全麦面粉、裸麦面粉、饺子粉、自发粉、预拌粉各是什么？

全麦面粉：来自白小麦，面粉里没有去除麸皮。

20世纪之前全麦面粉属于粗加工面粉，麸皮的存在会让保存期限变短，口感又比较糙。20世纪一到它就时来运转了，口感依然粗糙，不过因为富含膳食纤维，所以全麦面粉做成的面包很容易有饱腹感，物质不太丰富的年代吃这个管饱，物质极大丰富的年代吃这个减肥，还能控制血糖。

不玩烘焙的同学需要学会如何判断超市卖的全麦面包是真是假，我们这些玩烘焙的同学需要懂得自己购买的全麦面粉是真是假。

但是很抱歉地告诉大家，我也不知道怎么判断。市场上很多全麦面粉是将精面粉和麸皮混搭而成的，并不含有小麦胚芽，我无法检测小麦胚芽，所以农村的同学其实是有优势的，自己种，自己磨，自制的全麦面粉当然靠谱了。

我在伊尔库茨克的网红店 Rassolnik 吃到的裸麦面包和红菜汤

裸麦面粉：裸麦面粉就是黑麦面粉。

裸麦是一种极其耐寒的农作物，和土豆、玉米一样都属于小冰河时期（明末清初整个中国冬天奇寒无比的几十年时期）人类的大救星。

裸麦面粉制作的食物颜色深，质地紧，口感很瓷实，如果一款面包全部用裸麦面粉做就太考验牙口了，所以一般都是裸麦面粉和小麦面粉混合着来。我在俄罗斯吃过裸麦面包，只能蘸汤吃，否则硬得难以下咽。

裸麦面粉的营养价值肯定比小麦面粉高多了，温寒带作物生长很慢，微量元素极大丰富，这和一年一熟的东北大米比我们那旮旯一年两熟甚至一年三熟的江南大米营养价值高道理是一样的。

饺子粉

肠胃弱的人慎食吧，粗粮确实营养全面，但不见得我们有能力去消化吸收，这个世界上还有不少同学粗粮吃多了反而营养不良呢。

饺子粉：实际是高筋面粉，因为用高筋面粉包饺子比中筋面粉更筋道。

至于高筋面粉为啥要叫饺子粉？显然是把用途写在脸上的名字听起来更亲民，北方人民买来包饺子，南方人民买来包馄饨，都知道这是干啥的。

自发粉：中筋面粉和泡打粉以一定比例混合的产品。

我用饺子粉做的吐司

好不好用我就不清楚了，因为从来没用过，我就喜欢折腾，我就喜欢用酵母发酵，如果它都“自发”了，那我干嘛去啊？

预拌粉：就是先按配方将所有材料混合好的烘焙原料，算是个半成品，主要诉求是方便、省时且最终的成品口感还可以。

如果对美食还有点追求，就不会用预拌粉，但是从做生意的角度来说，预拌粉是一种很有价值的存在。

小咖啡馆的主打是各种饮品，而甜点、比萨是必要的配套，没有这些配套留不住客人，而专门请人来弄显然太贵。有的咖啡馆用冷冻甜点或者冷冻比萨回温的方式满足供应，以我的经验来看，口感惨了点——在室温下自然回温时间很长，用微波炉对冷冻甜点进行回温则容易出现外面化了里面还冷冰冰的尴尬状况，用烤箱加热冷冻比萨，边边角角通常被烤得很硬。

这和冷菜加热不好吃同理。

预拌粉做的食物口感就好多了，这是小咖啡馆、小餐厅的福音。

比萨的预拌粉

甜味剂

一、蜂蜜

蜂巢

糖出现之前，人类主要以蜂蜜为甜味剂。至于人类最早食用蜂蜜是什么时候，《食物与厨艺：面食 · 酱料 · 甜点 · 饮料》这本书说至少持续了一万年之久，这是从西班牙瓦伦西亚蜘蛛穴的壁画里推断出来的。果壳网《偷糖的熊孩子：9000年前，人类就开始抱蜜蜂的大腿啦》一文根据古代陶器上残留的蜂蜡判断最古老的蜂蜡出自安纳托利亚（今土耳其），年代距今约 9000 年。我也不知道谁的说法更准确，我又不是考古的，反正就是很多年很多年以前就有蜂蜜了，比糖要早得多。

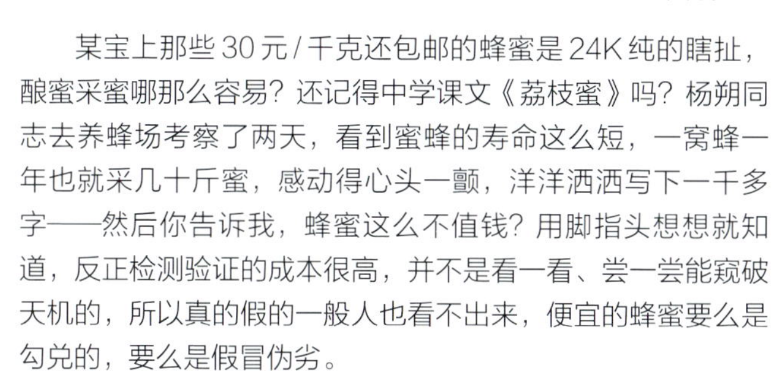

某宝上那些 30 元 / 千克还包邮的蜂蜜是 24K 纯的瞎扯，酿蜜采蜜哪那么容易？还记得中学课文《荔枝蜜》吗？杨朔同志去养蜂场考察了两天，看到蜜蜂的寿命这么短，一窝蜂一年也就采几十斤蜜，感动得心头一颤，洋洋洒洒写下一千多字——然后你告诉我，蜂蜜这么不值钱？用脚指头想想就知道，反正检测验证的成本很高，并不是看一看、尝一尝能窥破天机的，所以真的假的一般人也看不出来，便宜的蜂蜜要么是勾兑的，要么是假冒伪劣。

蜂蜜

关于蜂蜜的营养成分，果壳网已经科普过：“蜂蜜的主要成分是糖，它并没有什么特别的。蜂蜜是蜜蜂从植物的花中采得的花蜜，它的主要成分是糖，占到蜂蜜的 80% 以上，再除去百分之十几的水，其他成分不到 1%，而这 1% 通常有一些维生素和矿物质，但是量实在是乏善可陈。所以，在从营养成分组成的角度来说，蜂蜜是一种热量高、营养单一的食品。”

所以说，所谓的蜂蜜能养颜通便、改善睡眠、消肿止痛、润肺止咳……就别逗了好吗？咱能拿数据说明问题吗？天天喝蜂蜜，该得什么病还得什么病，哦，还能再添俩毛病：肥胖和龋齿。

蜂蜜在烘焙中也就偶尔用用，并不是重要的食材，我随便讲讲，大家就随便买买吧，30 元 / 千克还包邮……咳咳，也行吧。

二、砂糖、细砂糖、绵白糖和糖粉

在砂糖和细砂糖的成分中，蔗糖、转化糖浆、灰分和水分的含量完全一样，它们的区别只在于颗粒大小不同。

绵白糖在北方的超市经常看到，但浙江地区很少，反正我到了北京之后才知道还有这样一种糖。

西方的甜点配方里以细砂糖为主流，日本人更习惯用绵白糖（他们称之为上白糖）。

砂糖

砂糖和绵白糖还是很有区别的。

论蔗糖的含量，砂糖里的比较多，绵白糖比较少；论转化糖的含量，则是绵白糖要多得多，这种差异最终导致：

第一，口感不同：砂糖清爽，绵白糖余味悠长。

第二，甜点成品的色泽不同，同样的蛋糕，用砂糖的颜色略浅，用绵白糖的较深。

第三，甜点成品的润泽度不同，用绵白糖的更为润泽。

听起来好像绵白糖更胜一筹，其实不是的，烤个蛋糕当然讲究润泽，饼干、蛋挞需要的可是干净利落脆。

最后讲讲糖粉，我就说两个问题吧。

第一，糖粉怎么做？

100 克的粗砂糖和 10 克的玉米淀粉一起放进料理机搅打，直到全部成为粉末。

玉米淀粉在其中的作用是防潮、防结块。

第二，糖粉有什么用？

糖粉因为容易和其他食材通过打发融合在一起，也会让口感更细腻，所以在做饼干的时候用得比较多。

糖粉还可以用来装饰甜品，比如提拉米苏，撒上可可粉之后，也可以用糖粉再装饰下。见右图看看怎么操作。

把模子架在杯上

糖粉还有一个重要作用是做糖霜，那些很漂亮的翻糖蛋糕是用糖霜做的，糖霜有很多种做法，但不管哪种做法，其中必需的一种食材就是糖粉，大家可以看看姜饼人的做法（见 68 页），如果大家把这个配方完整地做一遍，就应该对糖霜有概念了。

用筛网把糖粉筛在提拉米苏上

三、木糖醇

我经常要回答烘焙爱好者的一个问题：甜点吃多了会不会得糖尿病？

我的答案是：糖尿病属于代谢紊乱，病因有可能是遗传，有可能是吃得太多动得太少，也有可能是免疫系统缺陷，糖吃多了不会直接导致糖尿病，但如果糖吃多了又不运动把自己搞得很胖，那就有可能引发代谢上的问题，就可能得糖尿病。

不过也别高兴得太早，糖不会直接导致糖尿病，但会导致染色体末端物质端粒变短，而端粒变短意味着衰老提早到来。大家都是成年人，吃不吃、吃多少自己决定吧，我的座右铭向来是吃了以后哪怕洪水滔天……

木糖醇是一种甜味剂，但不是糖，分子结构我就不写了，作为一个数理化渣，我显然写不出来，就写几点文科生能理解的东西吧。

木糖醇的价值：

1. 能稳定胰岛素，不会快速升高血糖，糖尿病患者可以适当地吃一些。

2. 保护牙齿。酸会腐蚀牙齿，而木糖醇会阻止口腔生成酸性环境，超市里那些命名为木糖醇的口香糖其实是在标榜防龋齿是它们的强项，而不是说这专为糖尿病患者而制。

3. 甜度高，热量低。相同重量下木糖醇的甜度是白砂糖的 1.2 倍，而热量只有白砂糖的 60%，也就是说，如果我们要做甜点给患有糖尿病的朋友吃，原配方要放 50 克的糖，那么置换成木糖醇，就是放 42 克。

木糖醇的危害：

每天食用木糖醇的量不能超过 50 克，超过会带来一些问题。

1. 导致腹泻。中医说木糖醇性凉；西医说“（木糖醇）会导致肠道内渗透率的变化，未被吸收的木糖醇使肠黏膜吸水的能力下降，所以产生腹泻（而不是细菌毒素导致）”，不管是中医粉还是西医粉，在每日食用超过 50 克木糖醇会导致腹泻这个问题上，可以达成一致。

2. 导致血中甘油三酯升高，引起冠状动脉粥样硬化。糖尿病患者偶尔解解馋还行，长期食用也不是什么好事。

最后无关烘焙，只是作为狗妈提醒下大家：不要给狗食用木糖醇，这会导致狗死亡。

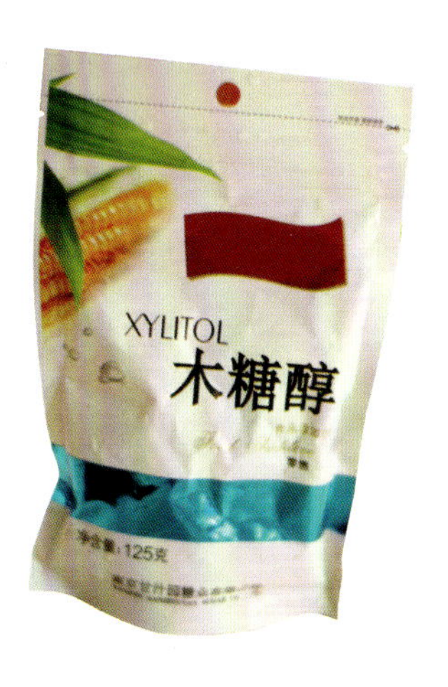

凝固剂

一、吉利丁（Gelatin）

又叫明胶、鱼胶，从动物（牛、马、猪、鱼、驴）的皮、骨、筋等部分提炼出来的胶质，主要成分为蛋白质，有粉状的，也有片状的。

吃素的朋友请注意了，果冻也是禁忌食品。

如果是从猪、牛身上提炼出来的，在 25℃可化成液体，如果是从鱼皮提炼的，那么 20℃就会化。

不管从谁身上提炼的，吉利丁超过 60℃会失去活性，再也无法起到凝固的作用。

我的意思是：

1. 夏天不要提着慕斯蛋糕到处溜达，除非放在车载冰箱里。我就曾经兴冲冲地提了一个自制的抹茶慕斯去看朋友，大家又兴冲冲地打开了蛋糕盒，很沮丧地发现抹茶慕斯已经化了，如同一坨绿色的屎。

把这坨绿色的屎放入冰箱，冷藏 4 小时以上，它会再次凝固。

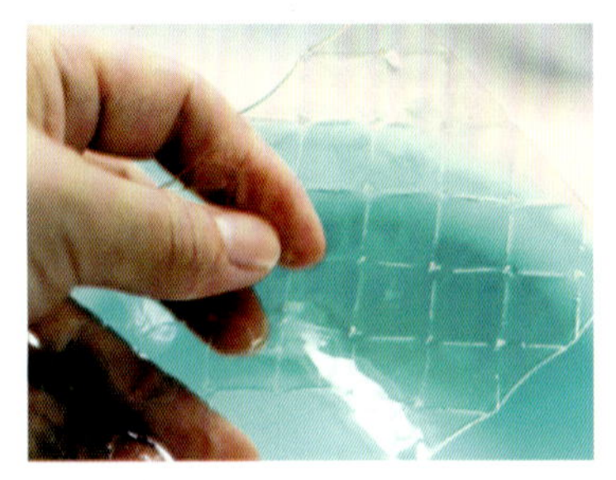

吉利丁片

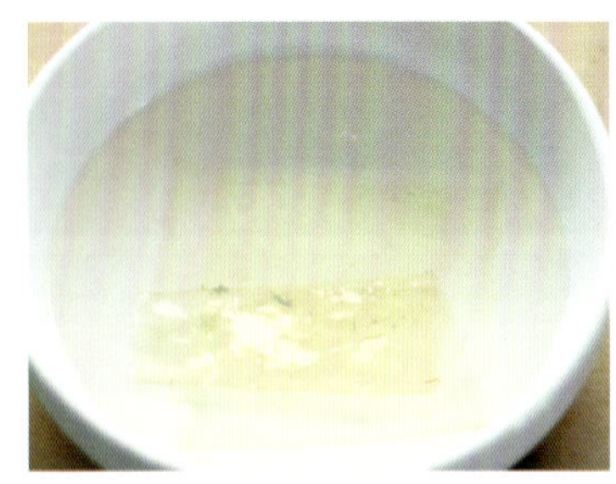

吉利丁片在化为液体前需要在冰水里泡软，然后沥干水分

吉利丁粉

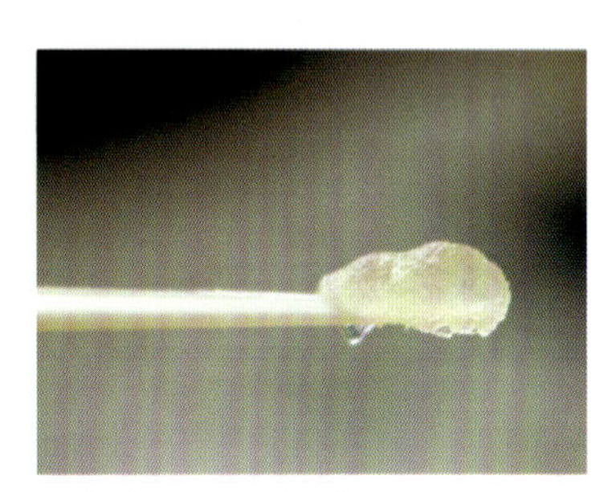

吉利丁粉吸水后呈啫喱状

2. 无论吉利丁片还是吉利丁粉在使用前都要化为液体。吉利丁片放冰水里泡软，然后放在热的液体里，比如热牛奶，热的液体温度必须低于60℃；吉利丁粉先在冰水里泡为啫喱状，再隔水加热至液体。

化为液体的吉利丁放入冰箱，尚可重新凝固，但失去活性的吉利丁就无力回天了，放哪儿都没用。

对了，提示一下，有清真专用吉利丁，比如法国生产的Sebalce是牛皮提取的吉利丁片。

二、卡拉胶（Carrageen）

卡拉胶是藻类提取物，这是一种对人体无害的添加剂，主要用来做羊羹、杏仁豆腐等中式甜点，它需要加热到90℃以上才可以化开，做成的甜点常温保存即可，不必放入冰箱。

前两年爆出过卡拉胶牛排的新闻——把卡拉胶化开，和碎牛肉裹在一起，冷冻之后就成了一整块牛排。我买了一块尝尝，口感不太好，但对健康并无大碍。

我们平时吃的蒜肠和动物淡奶油里都有卡拉胶，这都因为卡拉胶是一种稳定性很强的食材，耐热又耐碱，除了不耐酸什么都能扛，肠和奶油加了它不容易变质。

这是卡拉胶，不是粉条

测评：

有人说，吉利丁粉不就是把吉利丁片磨碎了吗？所以片和粉应该是等量置换，1 克吉利丁片和 1 克吉利丁粉的凝固效果相同。

也有人说，粉的凝固效果比片可强多了，置换比例应该是 0.75：1。

那我们就来测评一下喽。

我这里用的是免烤的抹茶布丁，配方就不写给大家了，除吉利丁或卡拉胶之外的食材总重量约为 160 克。

	吉利丁片	吉利丁粉	吉利丁粉	卡拉胶
用量	4 克	4 克	3 克	1 克
处理过程	1. 先把吉利丁片在冰水中泡 5 分钟，泡软即可，不要泡太久，泡烂了就不容易捞出来了 2. 把吉利丁片捞出来，扔进抹茶布丁液中，抹茶布丁液的温度为 25～60℃ 3. 轻轻搅动，直到吉利丁片完全化开 4. 放入冰箱冷藏 4 小时以上	1. 先把吉利丁粉放在 20 克冰水（水的重量是吉利丁粉的 5 倍）里，直到完全吸收水分，成啫喱状 2. 放入抹茶布丁液中，抹茶布丁液的温度为 25～60℃ 3. 同吉利丁片做法 3、4	放入 15 克冰水中，其他同 4 克吉利丁粉	1. 放在水里泡软 2. 沥干水分后扔进抹茶布丁液里，加热至沸腾 3. 完全化开后熄火 4. 常温下放置，直到凝固
结果	1. 口感顺滑 2. 凝固力★★★	1. 口感不如吉利丁片生动，但是也没有传说中的腥臭味，现在的吉利丁粉都经过了除臭处理 2. 凝固力★★★★★	凝固力★★★☆ 比吉利丁片略强一丢丢	1. 有股我无法接受的奇怪味道 2. 凝固力★★★★★

这就是全部结果？

年轻人，你们还是太嫩了！

我再告诉大家一个概念：凝胶强度（Bloom Scale）。市场上的吉利丁有很多牌子，每个牌子的吉利丁的凝固力可不见得都一样。

在特定的温度下，把一个直径为 12.7 毫米的圆柱，压入含 6.67% 明胶的水溶液表面以下 4 毫米时，所施加的力为凝胶强度，单位是勃鲁姆克（Bloom Grams）。

我们用到的吉利丁的凝胶强度一般为 125~250 Bloom，数值越大，说明吉利丁的凝固能力越强，溶解速度越慢。

但是眼明心亮的我们为什么从来没有在包装上看到过相关提示呢？

因为市场上那些吉利丁片和吉利丁粉并没有标注 Bloom 值呀，我们一般默认为吉利丁片 200 Bloom，吉利丁粉 225 Bloom，但是我的测评为什么吉利丁粉的凝胶强度相当于吉利丁片 1.3~1.4 倍？只能说其中必有一样属于一般之外的特例，是吉利丁片还是吉利丁粉呢？只有鬼知道了。

包装上不写，我们也没有条件测试 Bloom 值，那么怎么才能做到精确？唯有反复尝试，感知凝胶强度，并且记录每一次的用量、比例和感受。

会不会觉得有点烧脑呀？

烘焙这个学科做到 80 分容易，做到 100 分很难，使出浑身解数也未必钻得到底，所以我早就放弃成为大师的梦想了。如果花费 10000 小时能达到专业级，再花 10000 小时才能当大神，那我宁可把这另外的 10000 小时用来再学一门新学科，况且知识技能是加速累积，我学咖啡花了 10000 小时才达到 80 分，我学甜点只需要 8000 小时就可以，因为有些工具和原料早就接触过，再学鸡尾酒可能就只需要 5000 小时了。

在一件事上的工匠精神当然值得尊敬，不过我比较看重性价比，对第一名并不执着。我觉得投入同样的时间金钱，得很多个第十名比在一个领域得第一名值当，再说第一名也不是想当就能当的，最后还是要拼天赋，我天赋有限，手也笨，不敢瞎拼。

仅代表我个人的价值观，你们随意，你们要想感受一下无敌的寂寞，我从精神到肉体都表示支持。

好了，关于吉利丁也就说到这儿了，大家有没有觉得很混乱啊？辛辛苦苦做了测评，然后告诉大家这测评纯属扯淡，脱离 Bloom 值讲凝胶强度就是耍流氓，再接下来又说其实也不算太流氓啦，毕竟 Bloom 值有默认数据，最后又说虽然有默认数据，但也不能太相信，还是要靠自己测试，立了又破，破了又立，立了再破……这是闹哪样啊？

学习不就是这样吗？以为自己掌握了真理，再研究研究，发现掌握的只是真理的一个侧面，再研究研究，突然又反转了，就这样一点一点地离真理越来越近。

我就是想告诉大家四个字：

学无止境

美食演员表（下）：黄油、奶油、奶酪、小苏打、泡打粉、酵母

黄油

一、和奶油、奶酪、牛奶是亲戚

黄油、奶油和奶酪都是对牛奶进行不同的处理后生成的结果，简单说牛奶是奶奶，奶油是爸爸，黄油是儿子，奶酪是姑妈。

20 升牛奶（1 升牛奶为 1.027 千克重）可以提炼出 1 千克黄油，按理说黄油的价格至少相当于牛奶的 20 倍，算上加工费的话连 20 倍都打不住，但黄油并没有那么贵，这账我一直没算明白，不过大家就不要嫌黄油贵了，对比下牛奶，我们可是占了大便宜呀。

牛奶要生成黄油需经过这样几个做法：

（一）转动。把牛奶放入大型容器中，高速转动后乳脂会浮在表层，这些乳脂就是奶油。

（二）消毒。对奶油进行巴氏消毒。

（三）搅打。通过搅打奶油使乳脂和其他成分分离，形成麦粒大小的乳脂粒。

（四）排水。把分离出来的其他成分排空，再把乳脂粒聚拢在一起，用纯净水洗涤一遍。

（五）搅揉。把洗净的乳脂粒搅揉在一起，这就是黄油。

值得详细一说的是“搅打”。

大家看到这个容器（见右图）会联想到什么？

不要害羞，往最污的方向去联想。

“黄油在世界上所有的神话中，都是精液的象征，制作黄油再现了性交行为，也象征了婴儿在母亲子宫中成形的过程。”（玛格丽特·维萨《一切取决于晚餐》）

这台机器的操作方法是，挤奶女工上上下下地敲打桶里的活塞，直到形成乳脂粒。我临摹的这个黄油搅拌器发明于中世纪，于 19 世纪在欧洲广泛使用，哈代笔下的苔丝就是个挤奶女工，大家可以把这部小说找出来看看，了解下女主人公每天上班都在干什么

其实我们自己也是可以做黄油的，不过从奶奶辈着手有点不现实，但是从爸爸辈开始，完全可以——打发动物淡奶油时有一种失败叫打发过度，特别是像欧德堡这种奶油，我们走个神、发个呆、思个春……就打成渣了，那这奶油是不是算废了？

不存在的，它生是我们的奶油，死是我们的黄油，做鬼都要继续为我们服务！

且看我大金牛如何变废为宝。

1. 不幸被打发过度的淡奶油。

2. 把这些淡奶油放入纱布袋中。

3. 挤出水分。

4. 冷藏之后就是黄油。

这黄油能用吗？

废话！不能用折腾这事干嘛？哦，忘了告诉你们我的梦想了——做一名青史留名的铁公鸡，以物尽其用为荣，以暴殄天物为耻。

饼干、蛋糕、面包……一切需要黄油的地方它都可以上场。

二、麦淇淋（margarine）是动物黄油的赝品

在我学烘焙的过程中，不断地看到各路大神贬低麦淇淋（即人造黄油），口感不行啦，不健康啦，反正麦淇淋除了便宜就没有优点。

麦淇淋

那么它是不是真的就这么差？

我认为，不是。

首先说口感的问题。做葡式蛋挞用麦淇淋更容易成功，市面上那些热乎乎的葡式蛋挞和烘焙店销售的冷冻蛋挞皮基本都是用麦淇淋而不是黄油，难道不好吃吗？我每次做蛋挞都用黄油，并没有觉得自己做的比肯德基卖的更香甜可口。连韦恩·吉斯伦都在《专业烹饪》（第四版）中为麦淇淋说了句公道话：“最好的人造黄油也具有和高等级黄油一样的味道。”麦淇淋和黄油的口感差别并不像动物奶油和植物奶油的差别那么明显，人家那才叫天壤之别。

再来讲讲健康的问题。麦淇淋是氢化物，含反式脂肪酸，而反式脂肪酸有个外号叫“餐桌上的定时炸弹”，因为它会增加患心血管疾病的风险，这个不假，我没有任何反转剧情的企图，但黄油就冰清玉洁吗？胆固醇也没少含啊，同样有损健康！这俩都没有那么好，就大哥别嫌二哥了。

我觉得人们对科技介入食品是充满恐慌的，特别是我们这些对科技了解得不多的文科生。其实大可不必，那些古已有之的天然食物当然好，但科技是为人类服务的，是用来满足人类需求的，也是在不断提升和改进、逐渐修正各类大小缺陷的。事实上人们一直致力于开发别的技术

代替氢化，我相信随着科技的发展，有一天麦淇淋会完胜黄油。

三、发酵黄油和普通黄油的区别

黄油本身有膻味，通过发酵能去除膻味，发酵黄油更贵一些，风味也更好一些，总统黄油是目前国内能买到的最好的黄油，属于微发酵。

我再比较下发酵黄油和普通黄油的区别。

	发酵黄油	普通黄油
原料	含有酵母或其他发酵菌	不含酵母或其他发酵菌
产地	法国	法国之外的其他地区
颜色	奶白色	浅黄色
气味	有一股酸味	奶香味
质地	柔软	稍硬
起酥效果	差	强

四、澄清黄油和褐化黄油

澄清黄油和褐化黄油都是黄油的升级版，但各擅胜场，人类为了一口吃的，什么都干得出来，这次可算折腾出新境界了。

	澄清黄油	褐化黄油
啥意思	把黄油加热成液体，去除其中的水分和蛋白质，最终变成的纯粹油脂就是澄清黄油	把黄油加热成液体，再通过美拉德反应，使蛋白质在高温下产生坚果味，这就是褐化黄油
啥好处	1. 冒烟点变高。黄油的冒烟点只有127~130℃，进行澄清处理后，冒烟点升至230℃，高温烹调因此变得轻而易举，不会出现焦渣 2. 成品更酥脆	增加食物的香味
怎么用	煎牛排、炒菜、代替猪油做老婆饼等中式甜点	一切用得上黄油的甜点都可以用到它，比如玛德琳蛋糕、费南雪、海绵蛋糕等，做出来的甜点香气更浓郁 在西餐调味时可以加几滴 不适合煎、炸、炒

澄清黄油的做法：

1. 开小火，把黄油化成液体。

2. 继续小火，直到黄油浮出白色的沫。

3. 用勺撇除白沫，或者用泡功夫茶的滤网过滤白沫。

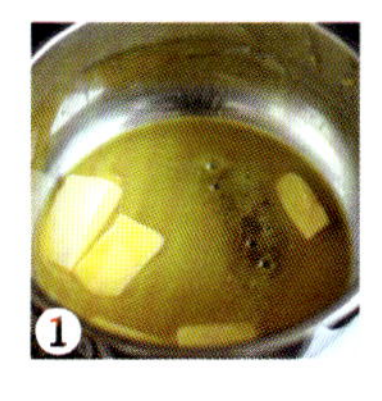

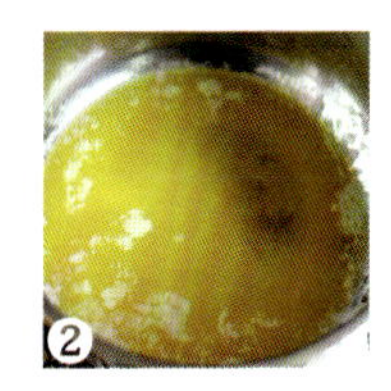

褐化黄油的做法：

第一步和澄清黄油一样，也是用小火把黄油化成液体，然后继续小火加热，直到出现褐色的细渣（见右图），并且散发出坚果味，就可以熄火了。

澄清黄油　　褐化黄油

用澄清黄油炒的培根（润泽）　　用普通黄油炒的培根（黯淡）

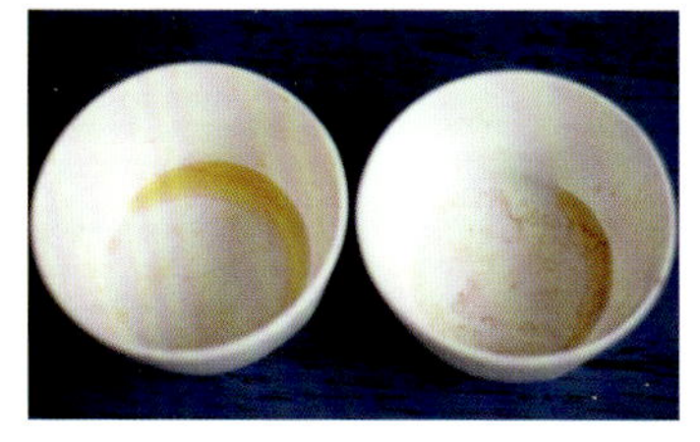

炒完培根的澄清黄油（干净）　　炒完培根的普通黄油（脏）

奶油

奶油有植脂甜奶油和动物淡奶油两种，前者便宜，要冷冻保存，保存时间长，打发后膨胀率高且稳定性强，有金钻、爱护等品牌；后者昂贵，要冷藏保存，保存时间短，打发后膨胀率低且稳定性差，有总统、蓝风车、多美鲜、安佳、欧登堡、雀巢等品牌。

看起来甜奶油完胜，吃起来可就不一定了。

首先甜奶油是氢化物，含有反式脂肪酸。我记得很久以前金钻的包装上写着“反式脂肪酸 0 克”（我已经很久没买甜奶油了，所以不知道现在还有没有这样的标识），原卫生部 2007 年 12 月颁布的《食品营养标签管理规范》规定，食品中反式脂肪酸含量≤ 0.3 克 /100 克时，可标示为 0，所以它说 0 克，未必一点都不含，包装上写的内容我们了解一下就行了。

其次甜奶油口感比较油腻，而淡奶油清新优雅，冰清玉洁，如兰如芝，似梦似幻……哎呀，不好意思我动情了，但是真的很好吃啊。

在奶油曲奇的微信课堂（见 56 页）里我讲了用甜奶油置换淡奶油的问题，大家也可以试试，细砂糖就不要加了，感受一下最终曲奇的形象和口感，我跟你们讲啊，那绝对是女神和女神经的差距。

动物淡奶油品牌比较多，质量和价格也有很大的不同。

我用 50 克的总统、蓝风车、安佳、多美鲜、雀巢做过对比（当时室温 21℃），汇报一下结果（个人实验结果，仅供参考）：

1. 如果大家也想做这个实验，我建议加大用量并且选用功率低的打蛋器，这样能更清晰地看到品牌和品牌之间的差距，我这 50 克有点少，不过谁让我小气呢？

2. 冷藏后的淡奶油比常温下更容易打发。

3. 最容易打发的是安佳，最难打发的是雀巢，稳定性最佳的是蓝风车，稳定性最差的是雀巢，颜色最白的是雀巢。

4. 最优质的淡奶油是蓝风车，用于实验的几款淡奶油中，它的含脂量是最高的，所以毫无悬念地胜出，不过最贵的也是它，预算如果够宽的话，买蓝风车！

5. 不用于裱花而是只用于做慕斯、冰激凌、奶油曲奇等，那么我推荐雀巢，便宜，实用；如果用于裱花，那么多美鲜、安佳、总统和蓝风车都可以，最好是安佳和蓝风车。

6. 这次实验没有欧登堡，以我平时使用的经验来说，淡奶油中最差的就是它。不过欧登堡价格不高，如果赶上大减价，而我们做的甜点又不需要裱花，那买几盒囤着也无伤大雅。

7. 还记得打发过度导致油水分离怎么办吗？我前面讲过的哦——放进纱布里，把水挤出来，然后放冰箱里冷藏，直到它变成一坨黄油。

最后讲讲打发的状态，用两张图说明吧，我就不多讲了，反正做慕斯和冰激凌六七成就可以，裱花得达到八九成的状态（见右中图）。

最后再介绍两种不常用的奶油产品，一是淡奶油粉，二是国产奶油。

淡奶油粉应该是新出的产品，以前都没见过，把淡奶油粉和牛奶以 1：2 的比例混在一起，搅匀后能打发成奶油，可惜名不符实，这不是淡奶油，这是植脂甜奶油。

国产奶油内蒙古稀奶油的另一个名字叫白油。

金钻甜奶油

总统淡奶油

安佳淡奶油

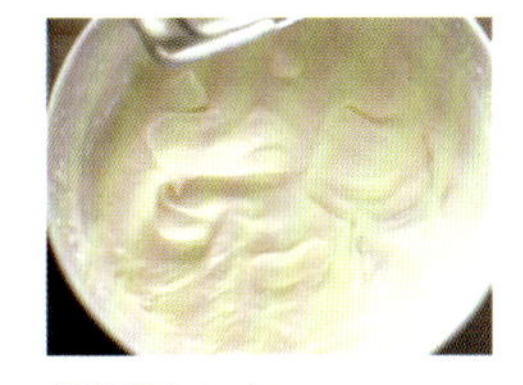
打发至六七成

打发至八九成

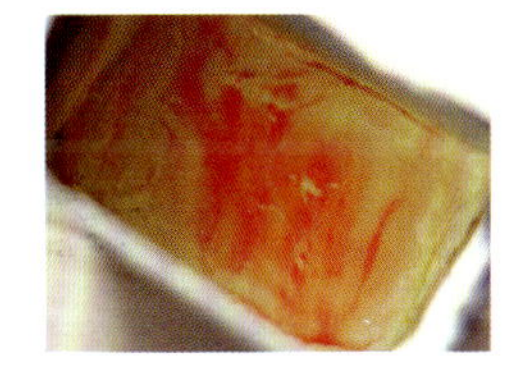
这是蓝风车淡奶油，已经过了保质期，不要绝望，除去表面腐坏的部分，下面还是可以继续用的

用淡奶油粉打出的奶油，雪白雪白的，我心哇凉哇凉的，叫淡奶油粉，居然搞出一大碗甜奶油来，心都伤透了

它就不是用来做甜点的，它的灵魂伴侣叫炒米，稀奶油和炒米拌在一起是草原人民的最爱。

内蒙古稀奶油能不能打发？我试了，没冻过的我不知道，但是冷冻再解冻的稀奶油肯定不行，我开了打蛋器最慢挡打发，打了不到5秒它就出水了，我看还是成全它和炒米吧，人家明显不想进入甜点界。

炒米很香，咬在嘴里嘎嘣脆

内蒙古稀奶油拌炒米。炒米能缓解奶油的腻，奶油能增加炒米的香味

说到这里，大家会不会好奇其他淡奶油冷冻后是否也不能打发？如果国产的白油做不到，那么高冷的总统、昂贵的蓝风车、绿色天然无污染的爱氏晨曦呢？

答案是：所有淡奶油在冷冻后都不可再被打发，无论这款淡奶油拥有什么样的出身。真的，我打发解冻的奶油才懂得“秒成渣”这三个字的烘焙学含义——再高级的奶油都是几秒就变成一堆渣。

作为一个勇攀科学高峰的文科生，我当然是以实验结果说明问题，以上结论均来自本人亲自实验经历。虽然在烘焙这件事上我没有能力去创新，但踏踏实实地做一些实验以论证各种传说是否靠谱，这个我自问做到了。

奶酪

一、烘焙中常用的三种奶酪

世上的奶酪到底有多少种，具体多少我也不太清楚，因为在法国和意大利这样的吃货国家，每个村庄都有可能搞出一些风味独特的奶酪，有的扬名天下，有的籍籍无名，有的奶香浓郁，有的臭不可闻，有的口感惊艳，有的平庸无奇，反正很多种啦。戴高乐将军曾经绝望地说：“一个奶酪种类跟一年天数一样多的国家是无法治理的”，现在就更无法治理了，因为奶酪的种类已经远远多过一年天数了。

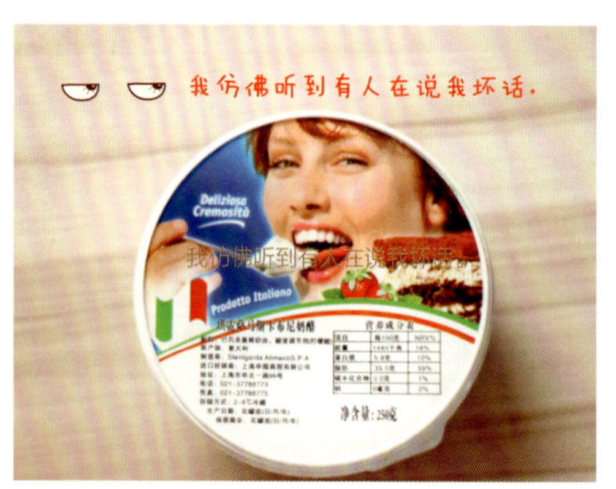

烘焙经常涉及的有奶油奶酪（Cream cheese）、马斯卡彭奶酪（Mascarpone Cheese，也叫马斯卡波尼奶酪）和马苏里拉奶酪（Mozzarella Cheese）。

我就讲讲常用到的这三种吧。

（一）奶油奶酪

这本书里出场次数最多的就是奶油奶酪，这是一种口感偏酸、添加了动物淡奶油的奶

我用奶油奶酪做的提拉米苏

酪，保存时间非常短，在不时清理它自身滤出来的乳清的情况下，在冰箱里最多放 9 天。

有的甜点店或甜点供应商会用奶油奶酪代替马斯卡彭奶酪做提拉米苏，因为这样能降低成本，很久以前北京“很多人的咖啡馆”还存在时，有一次一个冷冻甜点的供应商上门推销，我当时正好在他们店里，就蹭了点样品吃，其中那款提拉米苏显然用的是奶油奶酪。

我后来试了一下，用奶油奶酪作为原料，沿循提拉米苏的做法，做出来的蛋糕也别有风味，不是正宗提拉米苏那种典雅大气的正室范儿，而是酸酸甜甜就是你的作女气质。如果大家对摄入的热量比较敏感的话，也可以选择奶油奶酪版的山寨提拉米苏，因为马斯卡彭奶酪的脂肪含量在 60%~75%，而奶油奶酪大约为 35%。

（二）马斯卡彭奶酪

意大利有个叫伦巴第（Lombardy）的地区，风光秀丽，人文深厚，首府是米兰，培养过一名叫维吉尔的重量级诗人，他曾写下“唯有逝者，方能永享太平”的经典诗句，那地方连奶酪都清新脱俗，秀外慧中，比如马斯卡彭奶酪。

再次友情提醒，500 克装的马斯卡彭奶酪的盒子不要扔掉，这高度，这宽度，这角度，打发黄油时用作容器除了满分我还能说什么

当然啦，如果没有提拉米苏，马斯卡彭奶酪也不会这么有名，所以说它是一名幸运的演员，上了一部好戏，戏红了，主演也跟着红了，并不是每一种奶酪都有这样的幸运。

马斯卡彭奶酪除了用在提拉米苏中，也有别的用途，可以抹在吐司上，我还用它做过冰激凌，非常非常好吃。

（三）马苏里拉奶酪

马苏里拉奶酪和比萨奶酪是同乡，它们都来自意大利南部城市那不勒斯。

1. 保存

我做的马斯卡彭冰激凌

这是开封后在冰箱冷藏条件下（我家冰箱常年设置为5℃）放了半个多月的马苏里拉奶酪，已经长了霉斑，切除霉斑后余下部分可以继续使用

马苏里拉奶酪和马斯卡彭奶酪虽然都姓马，也都产于意大利，但马苏里拉是硬质奶酪，保存期较长，马斯卡彭是软质奶酪，开封后能在冰箱里呆 7~10 天，过期就发臭了。

马苏里拉奶酪到底是冷冻还是冷藏？

当然是冷冻，但是不能反复解冻。

冷冻后再解冻，口感就差一点，再放回去冻冻，下次用时再解冻，口感又差一点……反复多次后，一块上好的马苏里拉奶酪就算废了，就别说口感了，连拉丝都不顺畅了。

解决之道是一次用多少就解冻多少，如果是整块的，那就切一部分下来，不用的部分放回冷冻室。

2. 马苏里拉奶酪拉丝之谜

这倒不是因为它用的是水牛产的奶，而是因为在制作过程中多了一个升温煮制、挤揉拉伸的做法，这让蛋白质组织结构重组。

3. 推荐几个品牌

我个人认为在合格线以上的品牌有：阿根廷的潘帕、澳大利亚的MG和新西兰的安佳。我很喜欢潘帕，但潘帕不好买，MG性价比高，安佳不容易起焦斑，拉出来的丝韧性十足，用来上吊都断不了。

尽量不要买国产马苏里拉奶酪，拉丝很费劲。

潘帕马苏里拉奶酪

皇家鸡排店的爆浆鸡排，爆的浆用的是安佳马苏里拉奶酪

三元马苏里拉奶酪。配料说明里有两个重点：1. 再制干酪；2. 反式脂肪酸

开封后在冰箱里放了二十多天的妙可蓝多奶油奶酪，没发霉没变质

二、新鲜奶酪和再制奶酪

新鲜奶酪的制作路线是：把牛奶进行巴氏消毒——添加凝乳酶 ——切割——排出乳清——块装成型，蛋白质和水是其主要成分。

再制奶酪是在新鲜奶酪的基础上增加一些添加剂，美国规定在再制奶酪中新鲜奶酪至少要占51%，不过那是美国的规定，中国有没有执行我不清楚。

奶酪为什么需要再制一下呢？

一来是增加的添加剂中包含防腐剂或乳化盐，可延长保质期。

二来变丰富了，形状可以是酱状，方便涂抹，口感可以不止奶味，还有如草莓、香草这样的风味。

三来帮新鲜奶酪去个库存，在卖不出去的新鲜奶酪中加点防腐剂就摇身一变成新款了，接着卖。

同样的奶油奶酪，新鲜奶酪奶味浓郁，再制奶酪寡淡少味，我们做轻乳酪蛋糕或者其他含有奶油奶酪的甜点，如果用的是再制奶酪，请自行调整配方，多加点奶酪进去。

同样的马苏里拉奶酪，新鲜奶酪也许存在易出油（安佳）、易出焦斑（MG）等问题，但是拉丝绝对没问题，再制奶酪有的完全不能拉丝（妙可蓝多），有的（三元、百吉福）勉强能拉出点丝来，也是一扯就断。

最后，奶酪 = 乳酪 = 干酪 = 芝士 = 起司 =cheese

我原来以为全世界都知道，谁知有一次做活动我让主办方准备马斯卡彭奶酪，他们说找了很久都没找到，只有马斯卡彭芝士，不知道能不能代替……

我很震惊啊，怎么他们的九年制义务教育不包括英语的吗？知道cheese是奶酪的意思，然后从 cheese 的发音联想到奶酪不是自然而然的事吗？

法国美食家布里亚·萨瓦兰说："没有奶酪的甜点就像缺一只眼的美女。"大家要好好研究啊，不要连最基本的问题都搞不清楚。

小苏打、泡打粉和酵母

	小苏打	泡打粉	酵母
属性	化学物质	化学物质	微生物
酸碱性	碱性	中性	溶于水为酸性
主要成分	碳酸氢钠	苏打粉、酸性物质（如酸性盐、塔塔粉、柠檬酸）、淀粉（主要用来分隔泡打粉中的酸性粉末及碱性粉末，避免它们过早反应）	酵母菌
膨发原理	通过受热分解产生二氧化碳气体使面团蓬松	如果酸性物质用的是强酸，那么遇水就开始产生二氧化碳，发的速度也很快；如果用的是弱酸，则是遇热才开始产生二氧化碳，发的速度较慢 一般我们用的都是双效泡打粉，即强酸弱酸混合	在一定的温度湿度下，酵母菌大量繁殖，将淀粉分解成糊精、麦芽糖、葡萄糖等，最后产生二氧化碳气体 二氧化碳气体侵入面团的面筋里，整个面团成为多孔的疏松体 我们揉面和烘焙后，面团里的二氧化碳获得极大膨胀，使甜点最终松松的、胖胖的
膨发速度	非常快	有点快	慢
作用	1. 膨发 2. 中和剂。大量使用像巧克力这样的酸性食材时，甜点会带酸味，用那么一点苏打粉能中和酸性 3. 能加深颜色。依然使用在我们喜欢的巧克力甜点中，巧克力会显得特别黑亮	膨发	1. 膨发 2. 酒用活性干酵母可用于酒和醋的发酵 3. 从中提炼出药物
点评	优点是发得快还便宜，缺点是一不小心会产生碱味，颜色也偏黄，还会破坏维生素，在膨发这项功能选项上，基本属于淘汰产品，除了奸商之外，一般人也用不上，本书弃用 关于苏打粉的介绍大家瞟一眼就过吧	含铝的泡打粉当然容易降低智商，不过我看了下市面上的泡打粉，一般都标注无铝，姑且相信生产厂家的节操吧 泡打粉属于食品添加剂，不过制作甜点也就用到一点点，还不至于对人体产生危害 大家就不用瞎担心啦	除了发酵比较慢之外，食用酵母没有别的缺点 酵母的营养价值很高，它由蛋白质和碳水化合物构成，含有丰富的B族维生素和钙、铁等矿物质。 外面卖的包子馒头用泡打粉的比较多，搞不好还有小苏打，建议大家自己动手做

续表

	小苏打	泡打粉	酵母
保存	阴凉避光保存	一定要避免受潮	开袋后把口封严了，冷藏保存。有人做过实验，酵母菌采用真空包装时，5℃时活性每月下降0.6%，20℃时每月下降1.7%，37℃时每月下降80% 因为这个实验不是我做的，我不能肯定地告诉大家上述数据是否精确，但是我可以负责任地说，放在冰箱里酵母菌死亡率确实比较低，因为我有一包安琪酵母打开后（封口用夹子夹住的）扔冰箱某个被遗忘的角落，半年以后再用来做比萨，膨发效果依然彪悍

第一天

饼干

烘焙精读课

课前热身

今天的学习目的

第一，建立和烘焙这门学科的联系，和一门学科建立联系越深，成绩就越好。最常用的烘焙工具如打蛋器、烤箱、筛网等将一一出场，最常用的原料如细砂糖、黄油、低筋面粉也会为我们所熟悉，当我们完成今天所有的精读款和泛读款时，这些工具和原料就已经成为我们的好朋友了。

第二，掌握一些烘焙的规则。比如在甜点制作中，所有食材都必须单独称量，黄油的归黄油，糖粉的归糖粉，一个容器盛放一种食材。我原以为这是人人皆知的道理，但有一次教甜点课的时候，发现有个同学把全部食材放在一个碗里，我纠正她之后，做第二款甜点时她又把所有食材放在一个碗里……我也是心累呀，只能多列举几个配方，希望大家勤学勤练，把规则牢记于心。

第三，建立自信心。饼干的制作难度非常低，即使我们做得不对，最终的结果也不至于完全不能吃。我有一次做玛格丽特饼干忘了放玉米淀粉，做出来的饼干也没那么差（这里心虚一下，不过确实都吃光了没扔掉），所以大家就放心大胆地着手干吧。有的同学可能从来没有接触过烘焙，从饼干开始，很快就能找到感觉。

玛格丽特饼干 美食知识八一卦

曾经有一份真挚的爱情摆在我面前，然而我们不合适

“玛格丽特有个相当长的学名：住在意大利史特雷莎的玛格丽特小姐，据说是一位面点师爱上了一位小姐，于是他做了这种甜点，并把这位小姐的名字作为这款法式甜点的名称。”

这是我从百度百科上复制粘贴过来的，不知道大家会不会和我有同感——这也太不传奇了吧？好歹交待下结局啊，面点师到底追没追到玛格丽特啊？这么重要的事都不说清楚，还怎么忽悠广大男同胞投身到烘焙事业中来？做的是法式甜点，追的又是意大利的妞，到底在闹哪样？

作为一枚热爱打嘴炮的金牛座，当然不能就这么算了。我每次看到广为流传的烂故事都会心潮起伏，热血沸腾，使命感爆棚，同学们，经典故事的纰漏，著名小说的留白，就是让我们开脑洞的呀。玛格丽特饼干几乎是所有初学者的必修课，居然有这么一个上不得台面的传说，岂可修！我第一次读到时就恨不得撸起袖子、撒开丫子给这个故事整整容。

我以玛格丽特和面点师为原型，写了一个批判现实主义的故事，没错，我就是闲的。

“莫拉蒂先生，我希望你离开我的女儿。”

“贝鲁齐先生，我是真心爱玛格丽特的，我为她做了一款饼干，以她的名字命名。”年轻的面点师莫拉蒂取出小盒子里装的饼干，面露恳色：“您尝尝，也许您会改变对我的看法。您看这造型，为什么要用右手大拇指压一下呢？因为我和玛格丽特一样，十根手指头里只有大拇指有涡纹，这说明我们非常有缘分……”

贝鲁齐脸色阴沉：“年轻人，这样打动不了我。我没有想到你趁着为我的家宴送甜点的机会撩我女儿，你的野心写在脸上，摆脱阶级的局限是你的梦想。玛格丽特单纯善良，没有谈过恋爱，我不会同意你们交往，我女儿只能嫁给她门当户对的表哥。”

“不！您误会我了，我对玛格丽特一见钟情。虽然我现在混得不怎么样，买不起房也买不起车，可我是传说中的潜力股啊，就凭我这小手艺，再奋斗个十年八年，兴许能比肩一代大咖卡莱姆……”

贝鲁齐一口咖啡差点喷出来，心里一万头草泥马飞奔而过，疯了疯了，老子憋得要爆炸了，玛格丽特怎么会看上这种货色？

这个不知天高地厚的臭小子带着女儿私奔怎么办？把她肚子搞大怎么办？我家可是名门望族，这样的丑闻伤不起，玛格丽特还有两个妹妹，家

族的名声坏了，再想嫁到好人家去可就难了。据说我的远房老祖母罗丝在泰坦尼克号快沉没时死乞白赖要跟穷小子杰克在一起，我虽未亲见，可这场面光听听就够瘆人的。如果这小子非要和玛格丽特结婚，我和夫人又怎能狠下心来断绝关系？玛格丽特一天跟着他，就一天是他的提款机。老子聪明一世，被个小瘪三耍得团团转。

不如一次买断！

“开个价吧，多少钱你可以离开我女儿？”

“不不，我不要钱，我只要玛格丽特。”

“听说你母亲长年卧病不起，你弟弟在上大学，我给你一笔钱，你的母亲可以得到治疗，你的弟弟有个远大前程，剩下的钱你可以用来创业。”

莫拉蒂的眼神迅速黯淡下去，他自幼丧父，全靠母亲一把屎一把尿拉扯大，穷得吃不上饭时全家就去菜市场捡剩菜叶子吃，亲戚全都看不起他们，让家人过得好是他打小的愿望，做梦都梦到自己扬眉吐气、扬名立万。

贝鲁齐默默地观察他的神色，知道他动心了，迅速地签下了一张支票：“爱一个人，就要让她过得好，玛格丽特十指不沾阳春水，跟着你就要劳苦奔波。你拿了我的钱，你好她也好。”

莫拉蒂犹豫了一下，接过了支票。

～～～～～～～～

岁月如梭，一晃20年过去了，少年子弟江湖老，而老贝鲁齐已经去世10年了。

玛格丽特嫁给了青梅竹马的表哥，生了一儿一女，儿子就要去美国上学了，正在忙着做各种准备，女儿刚过钢琴十级，除了时不时有些关于她老公的风流韵事传到耳朵里，日子过得还算顺心。

这一天，她去接女儿放学，她想，不开车了，走过去吧。

走着走着，她一抬头看到了对面有家新开的店——玛格丽特饼干店，不禁微微一笑：

“20年前有个年轻人也为我做过一款同名的饼干，那时候每一天都甜蜜极了，只期待岁月静好，日子就这么过下去吧，可是突然打碎了，我什么都没做错，就是碎了，找不到他了。人死了倒也放下了，可他那是不见了。我天天以泪洗面，回忆和他在一起的每一个细节，吃他喜欢的每一种食物，去过他的家乡，他上学的那条小路我走了好多遍，可再也见不到他啦。父亲说他人品低劣，居心叵测，不可深交，说实话我是不信的，父亲向来喜欢把人想脏了。”

他在哪里呢？过得还好吗？

玛格丽特不自觉地走进了饼干店。

“这位夫人，您想要点什么？”一个瘦小精悍的女人迎上前来打招呼。

“一盒玛格丽特饼干。”

“您真有眼光，我们店最畅销的就是这款饼干了。”

那个女人手脚麻利地包好饼干，随着饼干递给她的还有一张名片，她热情地介绍：“我是莫拉蒂夫人，有什么需要给我打电话，您住得不远吧？我们店可以提供送货上门服务。这款饼干是我先生为他的初恋创作的，很多客人都很感动，还问我为什么不吃醋。呵呵，我为什么要吃醋？能赚钱就行啦。”

“莫拉蒂夫人，莫拉蒂夫人……”玛格丽特喃喃地念着，自己也曾经差一点成为莫拉蒂夫人呢。

这时候一个两鬓斑白的中年男人推门而入。

“老婆大人，猜猜我今天谈成了多大一笔生意？以后我们就要给月巴克咖啡供货啦，他们用的每一款甜点都从我们店走，我们快发财啦！”

他看见玛格丽特，愣住了。

“还记得我吗？我是玛格丽特。”

～～～～～～～～

“我对你一直怀有愧疚，这是真话，不管你信不信。当初你父亲的那笔钱可以说救了我全家，医生本来判定我母亲只有6个月的寿命，因为得到好的治疗，她多活了好几年，看到我结婚，看到我弟弟博士毕业，死的时候带着笑。我弟弟现在是科学家，有时候我做梦都会笑醒，我这样落魄的家庭，居然能出个科学家。至于我自己，虽然没有成为最好的甜点师，但实现了开店的梦想，不再是整天受气的小学徒啦。以前的店开在老城区，后来那块地方拆了，就搬到这里来了，没想到会遇见你。”

“只不过你拥有的这一切都是牺牲我的感受换来的。”

“是，这也是我对你感到抱歉的原因，我这么多年来一直卖玛格丽特饼干，是因为你在我心里从来没离开过。”

“这些话毫无意义，你利用了我，利用了我们之间的感情，连为我做的玛格丽特饼干都用来感动顾客了。”

“可是，玛格丽特，即使有了你父亲这笔钱，我和我太太创业依然很不容易，起早摸黑，每天工作10小时以上，在街上发过宣传单，烈日炎炎之下给顾客送货，有时还会遇到故意找茬的顾客……这一切我太太都承受下来了，换成你，也可以吗？”

玛格丽特沉默了。

“如果没有你父亲的钱，我当时家里的情况只能用凄惨来形容。你能照顾我那病歪歪的母亲吗？你能给她端水喂药、做饭洗衣、擦拭全身吗？你能和我一起省吃俭用地攒钱供弟弟上大学吗？你能看着你的妹妹们一个个衣着光鲜、出入高级场所而不心酸难过吗？”

“你好好生活吧，我要走了。”玛格丽特知道他说的是真心话，却依然难过得听不下去。

“玛格丽特，我还没有说完，我希望今天这次见面能把我们这么多年的心结打开。如果说我太太是蛋糕，能结结实实地填饱肚子，那你就是蛋糕上的奶油，好吃，却不管饱。我承认我自私，也很现实，但我太太确实更适合我，爱情对我这样的人来说，是奢侈品。”

玛格丽特看着莫拉蒂夫人忙进忙出招呼客人，又想起了自己这20年养尊处优的生活，长叹一口气，住在花园洋房里缅怀初恋和在穷困潦倒中对白富美各种羡慕忌妒恨相比，前者会更轻松一些，更何况现在连缅怀都不需要了。

有时候不得不承认，命运已经替我们做了最好的安排。

“我们都是屈从于命运的人。”玛格丽特说。

莫拉蒂不无悲哀地点了点头。

配方

材料

黄油	100克
低筋面粉	100克
玉米淀粉	100克
糖粉	60克
熟蛋黄	2个

做法

1 黄油软化。

做法1的补丁

黄油软化的两种方法：

方法一：自然软化。黄油切成小块（或者小片，你们高兴的话也可以切成小粒），在室温下放置一段时间，直至黄油变软。黄油软化需要的时间一年四季各不相同，夏天极其短，一不小心就化成液体了，冬天就要分南北了，在有暖气的北方差不多半小时吧，放暖气片上会软化得更快一些，在阴冷的南方请用方法二。

方法二：依然切小块，把黄油隔水加热，化成液体，再放在冰箱冷冻室里，在刚刚冻成固体的时候取出来，记得是刚刚，如果冻成一坨结实的黄油冰，那就放回冷冻室，留着做巧克力裂纹曲奇，这里用不上了。

隔水加热，化开黄油

冷冻黄油，每隔几分钟取出来搅动几下，保证黄油均匀受冻，最后像图中那样用勺子按一下，如果还有液体从底部渗出，请再冻冻

2 把糖粉加到黄油中。

3 用打蛋器打发黄油，直至颜色发白成羽毛状。

做法3的补丁

特写来一个，谁让我们需要有效沟通呢？

下图就是传说中的羽毛状，黄油被打成一丝丝一条条的感觉。

4 熟蛋黄过筛，筛完后把筛网背面的蛋黄蓉刮下来。

做法4的补丁

下图是筛子的正面，用勺压着蛋黄过筛。

5 将筛过的熟蛋黄加入黄油中拌匀，放在一边备用。

6 低筋面粉和玉米淀粉一起过筛，最好用打蛋器搅匀。

做法 6 的补丁

打蛋器都配有两套打蛋头，一套用于打发，一套用于搅拌，右图是用于搅面粉的配置。

前文已专门说过打蛋器，但这一功能我特意放到这里说，这和学英语单词一样，孤立地背单词有时就是记不住，一放到具体情境，秒懂。

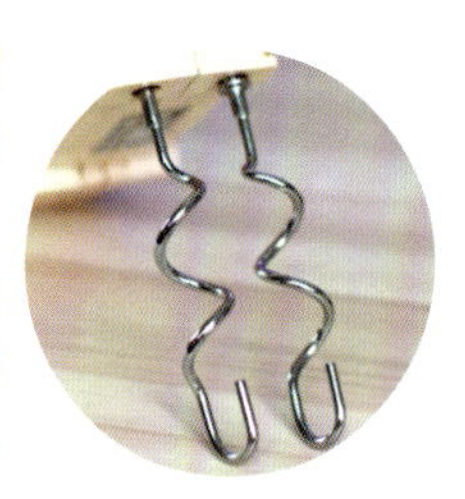

7 将已经打发成羽毛状的黄油和筛过的低筋面粉、玉米淀粉、熟蛋黄用橡皮刮刀拌成团。我这种手欠的人喜欢用手一把又一把地抓，如果大家用手抓的话，注意动作越少越好，用力轻柔一点，不要搞出筋来，捏成一个光滑的团就可以了。另外，戴上一次性手套，注意卫生。

不管选择哪种方式，过程都会比较漫长，至少几分钟才见成效。请以做法 7、8 图为标准衡量你们做法 7 的劳动成果。

8 再用保鲜膜包好冷藏 30 分钟。

做法 8 的补丁

万一藏着藏着给藏硬了，那就在室温下暖和暖和，等面团柔软一些再进行下一步。不要在面团很硬的情况下勉强操作，这样做出来的饼干会特别易碎。

9 分成 10 克左右的小球，摆在烤盘中。

做法 9 的补丁

在做法9开始之前，我们可以先预热烤箱，即调到烤本款饼干需要的175℃，设为上下烤，这样饼干放进去时，箱内温度已经达到175℃。最好略高一些，因为打开烤箱的瞬间温度会下降。

当然，预热前把烤盘取出来。

10 用大拇指在每个小球的球心处轻轻摁一下。

11 放入已预热好的烤箱中层，上下火，175℃，烤 15 分钟。

我家几个烤箱里功率最小的那个需要15分钟，功率最大的那个10分钟就可以了，所以请大家根据自己家烤箱的情况来设置时间，最好是盯着烤箱观察饼干的变化。

金牛老师和西瓜妹的微信课堂

金牛老师，不好啦！

西瓜妹，你咋啦？

黄油一打发就四处乱飞，好可怕！人家的新衣服……呜呜……不开心！不开心！

换个又窄又深的碗就行啦，比如做完提拉米苏后，把装马斯卡彭奶酪的塑料碗留下，在打发黄油时使用，黄油就会乖乖呆在碗里。

装马斯卡彭奶酪的塑料碗？

嗯呐！老师金牛座，比较抠门，你懂的。

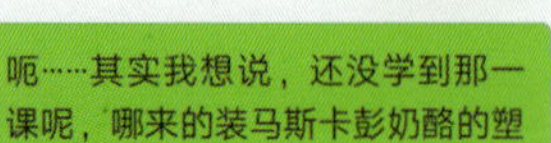
呃……其实我想说，还没学到那一课呢，哪来的装马斯卡彭奶酪的塑料碗？

好吧，我着急了。

饼干烤完后汇报一下结果。

得令！

饼干烤完啦！

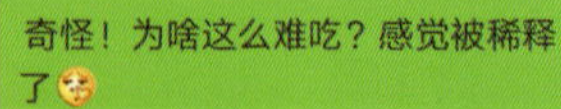
奇怪！为啥这么难吃？感觉被稀释了

你没改动配方吧？

属下不敢。

不会是没擦碗吧？

称量食材之前要把所有碗擦干了，无油无水的碗才可以用来装食材。

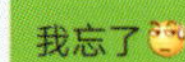
我忘了

智者千虑，必有一失

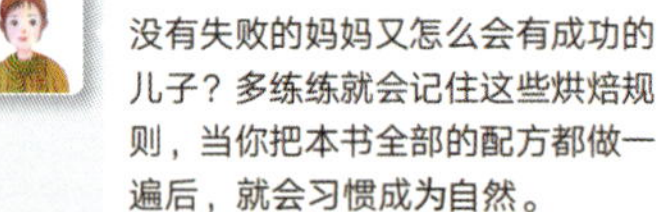
没有失败的妈妈又怎么会有成功的儿子？多练练就会记住这些烘焙规则，当你把本书全部的配方都做一遍后，就会习惯成为自然。

嗯，看见碗就想擦

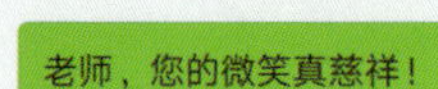
老师，您的微笑真慈祥！

把玛格丽特饼干重做一遍吧，我认真的

奶油曲奇

配方

材 料

黄油	65 克
低筋面粉	100 克
细砂糖	40 克
盐	1 克
淡奶油	40 克

做 法

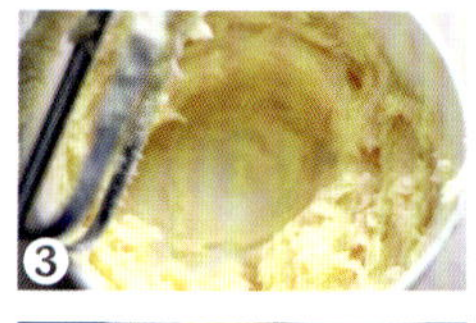

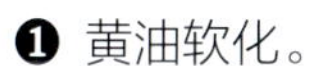

❶ 黄油软化。

❷ 在黄油中加入细砂糖和盐。

❸ 打发成羽毛状。

❹ 分三次加入淡奶油，节奏是：加入淡奶油，拌匀；再加入淡奶油，拌匀；最后一次加入淡奶油，拌匀。

❺ 把低筋面粉过筛。

❻ 把所有材料揉成面团后，装入裱花袋。

❼ 烤盘上垫上油纸，挤出花纹。

❽ 放入烤箱中层，上下火，180℃，烤 15 分钟左右。

做法 3 的补丁

有没有这样的疑问：黄油打发完成后，粘在打蛋器上的黄油怎么才能干净利落地刮下来？

用勺子？用筷子？

这种问题请务必相信金牛座，毕竟我们病态地追求着物尽其用——牙签是我用过的最适合的工具。

做法 6 的补丁

1. 挤曲奇用的是齿形花嘴。
2. 在烤盘上摆放的时候，请注意每块曲奇之间要留出空隙，因为烤后会膨胀。
3. 做法 1~5 做成的面糊可以冻起来，什么时候想吃什么时候取出来，化一化、挤一挤、烤一烤就可以，并不伤害曲奇的风味。

金牛老师和西瓜妹的微信课堂

淡奶油为什么要分三次加入呢？

难道是因为重要的材料分三次放？

就像孙悟空三打白骨精是因为重要的妖精要打三遍？

不存在不存在。孩子，你想多了。

你做个简单的实验就会知道，一次全倒进去和分三次倒相比，分三次倒搅拌耗费的时间更少。

让食材充分融合后再放下一次的。

老师，我看到过别人写的曲奇配方，并没有加奶油，那么奶油在这里意味着什么？是起点缀作用吗？

对，有了奶油，口感提升十个级别。

奶油可以用牛奶代替吗？

你认真的吗？

牛奶比奶油便宜多了，我也要做节约小能手。

无法代替，真正的节约小能手是在不影响效果的前提下节约成本，节约不能减损风味，不能伤害感情。

你还是用已经做成的曲奇泡牛奶喝吧。

老师我在网上看到一种甜奶油，价格只有淡奶油的二分之一，我用甜奶油代替淡奶油总可以吧？糖就不用放了。

依然不行。

你试一次就知道了：用淡奶油做的曲奇甜而不腻，如清纯玉女，甜奶油做的曲奇又甜又腻，风尘感扑面而来。

本瓜妹表示无法想象风尘感扑面而来的曲奇会是啥样。

那盐的作用又是什么？

当我还像你这么大的时候，很喜欢王家卫的电影《东邪西毒》，里面有一坛醉生梦死酒，喝了能忘记痛苦，东邪喝了，西毒没喝。

西毒为啥不喝？他对酒精过敏？

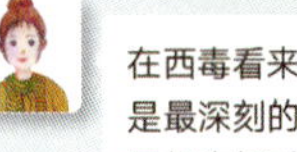

在西毒看来，包含着痛苦的快乐才是最深刻的快乐，因为痛苦和快乐是相生相对的，太纯粹的快乐显得肤浅。

好吧，不过这扯得也忒远了点吧？

同理可得，太单纯的甜缺乏内涵，当那1克盐加入后，感觉就不一样了，甜中略带一丢丢的咸，反而衬托得甜味更加突出，滋味更丰富。

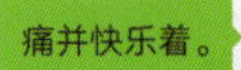

痛并快乐着。

虐并幸福着。

为啥我想起了红烧肉？

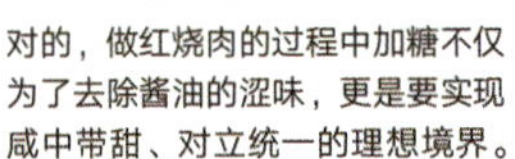

对的，做红烧肉的过程中加糖不仅为了去除酱油的涩味，更是要实现咸中带甜、对立统一的理想境界。

巧克力奇普饼干

巧克力奇普饼干的制作完全没有难度，如果不是因为担心在前面两款饼干的做法中塞太多知识点，大家记不住，就不会把一些问题留到这里来讲了。

材 料

低筋面粉	180 克
泡打粉	3 克
黄油	105 克
全蛋液	45 克
红糖	55 克
细砂糖	35 克
巧克力豆	90 克

做 法

1~3 步和前两款饼干一样，我就不上图了。

1 黄油软化，用方法一或方法二都行（见 52 页）。

2 在黄油中加入红糖和细砂糖。

3 打发成羽毛状。

4 加入打散的全蛋液，为避免蛋油分离，重要的材料至少分三次放，节奏是：加入蛋液，打发均匀；再加入蛋液，打发均匀；最后一次加入蛋液，打发均匀。

5 低筋面粉和泡打粉一起筛入打发好的黄油。

做法 5 的补丁

不知大家发现没有，每次都要把低筋面粉过筛，这又是为什么呢？

两个原因：

第一，面粉很喜欢吸潮，吸着吸着就吸出小颗粒来了，过筛是要去除面粉中可能存在的小颗粒。

第二，让粒子互相分离，面粉充满空气，最终做出的饼干具有一定的蓬松度。

6 用橡皮刮刀拌匀。

7 把巧克力豆也倒入饼干面糊里，再次用橡皮刮刀拌匀。

8 用保鲜膜把面糊包起来，冷藏1小时。

9 把面糊压成小圆饼，大小可以参考超市卖的趣多多，当然你们喜欢搞成巨无霸或迷你型也可以，谁的饼干谁做主，相应延长或减少烘焙时间即可。另外，“奇普”不是cheap（廉价的），而是chip（食物的薄片、小片），所以不要搞得太厚了。

做法9的补丁

每一块饼干的大小要一样，否则同一盘饼干中小的已经煳了，大的还没熟。

10 放入已预热至180℃的烤箱中层，上下火，烤10分钟左右。

金牛老师和西瓜妹的微信课堂

老师老师，打发黄油用的是圆头搅拌棒，但是总有很多黄油被卷在里面，那么这些被卷进去的黄油的打发程度到底如何呢？

明白了，没打发。

用牙签把这些黄油小粒刮下来，再打打。

老师，黄油的打发需要高速还是低速呢？

我看到的所有配方都要求低速，我也很想知道为什么，但查了很多资料也没有找到答案。

啊，那咋办？

只能借助显微镜了。

在显微镜之下，高速打发的黄油分子之间排列得比较疏松，还有一些大的黑块。低速打发的黄油分子排列紧密，没有发现大的黑块。

大的黑块是什么？

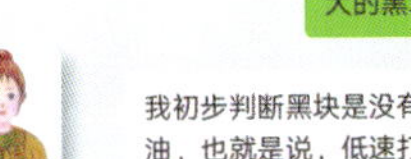

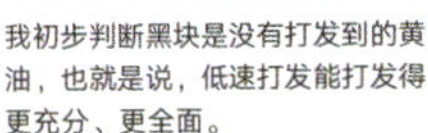

我初步判断黑块是没有打发到的黄油，也就是说，低速打发能打发得更充分、更全面。

为什么是黑块？黄油不应该是黄块吗？

老师抠门，没舍得买个彩色显示的显微镜。

如果你愿意自己掏钱去买个彩色显示的，应该能论证我的看法。

你们金牛座会不会觉得好吃比好看重要？

不存在不存在。食物是用来吃的，好吃的食物才具有内涵。

香港小姐选美要求美貌与智慧并重，烘焙要求好看与好吃并重。

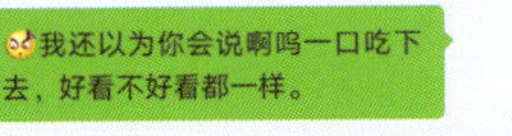

我还以为你会说啊呜一口吃下去，好看不好看都一样。

如果每个人都具备透过现象看本质的能力，那我们当然可以随便弄弄了。

问题是大家都先看外表，不好看的根本勾不起食欲，更别说去发掘内涵了。

法国蓝带厨艺学校提出“首先征服视觉，然后征服味觉”，可见形象好很重要。

食物的外在美是否包括香味？

对，香味也属于食物的外在形式。

刚烤完的饼干都香喷喷的，凉下来后就没那么香了，这是什么缘故？

这叫美拉德反应。

是让饼干又美又拉风的反应吗？

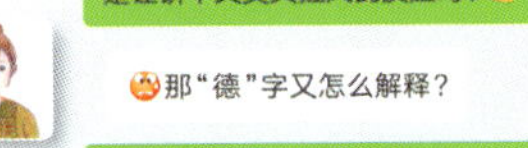

那“德”字又怎么解释？

厚德载物的人才能把饼干做得又美又拉风。

人才啊！请接受我的膝盖。

美拉德反应是以法国化学家Maillard命名，不美不拉风也不厚德载物。

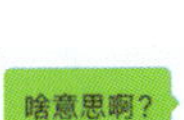

啥意思啊？

根据分子料理的发明者埃尔韦·蒂斯在《厨房探险》一书中的解释，美拉德反应的原理是：经过加热，氨基酸与还原糖会发生化学反应，产生出多样的香气分子。

美拉德反应这个概念在美食著作中出现的频率特别高。

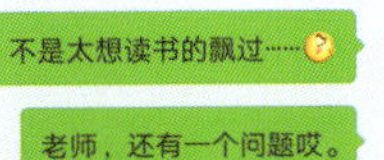

不是太想读书的飘过……

老师，还有一个问题哎。

我忘了买巧克力豆了，还能做巧克力奇普饼干吗？

你就不能把整块的烘焙巧克力切成小碎粒吗？

能的，能的。

巧克力裂纹曲奇

这款甜点进烤箱的时候是圆球，出烤箱的时候呈扁平的爆裂岩石状，放进嘴里就是一款非常不健康的美食，每吃一口内心都充满了罪恶感，热量太高了，糖分太多了，朋友圈的养生秘籍都白看了！妖精般的食物就是这样一种存在，让我们丧失理性，只想吃吃吃！

配方

材 料

低筋面粉	110 克
可可粉	10 克
泡打粉	3 克
黑巧克力	110 克
黄油	50 克
白砂糖	50 克
全蛋液	80 克
朗姆酒	5 克
糖粉	适量

做 法

❶ 把黄油和黑巧克力切成小块。

❷ 把白砂糖也放进去，隔水加热并不断搅拌，直到黄油、巧克力和糖全部化为液体。

❸ 加朗姆酒，搅拌均匀。

❹ 等巧克力混合物凉下来后，分三次加入打散的全蛋液，每次都要搅拌均匀后再加入新的蛋液。

❺ 把面粉、可可粉、泡打粉一起筛入巧克力混合物里，搅拌均匀。

❻ 将面糊放入冰箱，冷藏 1 小时。

❼ 把面糊揉成大小均匀的 35 个小圆球曲奇坯。

❽ 让曲奇坯在糖粉里打个滚，裹上糖粉。

❾ 把裹好糖粉的曲奇坯放在烤盘上，注意间距。

❿ 烤箱需要提前预热，这个不用再强调了吧？175℃，中层，上下火，烤 15~20 分钟。实际时间我说了不算，大家根据自己家烤箱的情况留意曲奇坯的变化吧。

做法 1 的补丁

突然不用打发黄油了，会不会有点小失落？

那我们就来谈谈人类为什么要打发黄油。

简单说，是要让饼干更加蓬松。

黄油在打发的过程中，空气会被裹进来，黄油的内部将产生很多小气孔，筛入面粉后，油脂把面粉完全包起来，饼干面团就会比较松散（和后面的面包面团相比），饼干在口感上也因此而变得酥脆。

饼干经过烘焙后之所以会膨胀，不是因为热胀冷缩，而是因为黄油被打发。

这次做的裂纹曲奇不打发黄油为什么依然能膨胀呢？

因为使用了泡打粉呀。

做法 2 的补丁

1. 火不要开得太大，火太大了水容易“激动”，一“激动”就会飞到碗里去。
2. 用粗砂糖细砂糖都可以。

金牛老师和西瓜妹的微信课堂

这个配方中巧克力、黄油和糖能放在锅里直接加热吗？

不能，直接加热温度太高了，巧克力会煳的，黄油会“崩溃”的。

但是隔水加热也会有风险，沸腾的水可能会溅到食材中。

隔水加热时用的水达到 50~60℃ 就足以化开黄油和巧克力，不必把水加热到沸腾。

为啥要把面团冷藏一段时间呢？

做饼干用的都是低筋面粉，我们在做的过程中反复揉拌，有可能让面团产生筋度，最终烤出来的饼干就不够松脆，冷藏会让面团松弛。

老师，我发现一件事哦。

我那个烤箱啊，温度最高可以达到 250℃。但是，烤饼干根本用不了那么高的温度。

每个配方都包括温度的设置，这当然不是随便写写的。

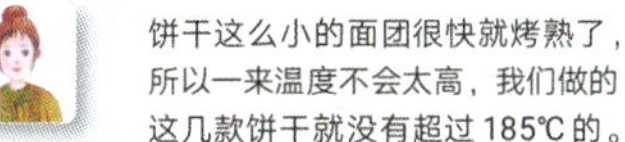

饼干这么小的面团很快就烤熟了，所以一来温度不会太高，我们做的这几款饼干就没有超过 185℃ 的。

二来时间不会太长，也就10分钟左右，有些特别细小的饼干，10分钟都用不了。

烹饪有大火小火，有急炒有慢炖，是否可以这样理解烘焙的高低温、长短时？

也可以这么理解吧。有些食物就是得低温慢热，比如下次课要讲的轻乳酪蛋糕，150℃烤 35 分钟，而比萨呀焗饭呀这些带有马苏里拉奶酪的食物，高温之下很快就化了，一般都是 200℃ 以上烤六七分钟。

和食物的体积有关？

那当然啦。也和用到的食材有关。

懂！

烘焙泛读课

蔓越莓饼干

材料

低筋面粉	100克
黄油	60克
全蛋液	10克
糖粉	50克
蔓越莓干	30克

做法

❶ 黄油放在室温下软化，加入糖粉，打发成羽毛状。

❷ 加入全蛋液，用打蛋器搅打均匀——这次就别分三次放了，总共才10克蛋液。

❸ 筛入低筋面粉，揉成一个光滑的面团。

❹ 蔓越莓干切碎，加入到面团中，揉匀。

❺ 把面团放入蔓越莓饼干模整形。记得先把油纸垫在模子里，再把面团塞进去，否则不好脱模。

蔓越莓饼干模

❻ 冷冻1小时左右，最好放在软冻格，如果冰箱有这一格的话。

❼ 把面团从冰箱中取出，在室温下放置一会儿，当面团的软硬度达到刀下去能毫不费力地切开时，切成0.5厘米左右厚的块。

老师在这里敲黑板了！

不能着急，因为在面团还梆梆硬的时候切下去，饼干会碎的。

也不能不着急，慢吞吞等面团完全软之后再切，那饼干烤完后基本就不可能成为漂亮整齐的方块形了。

我前两次做这款饼干都折在这一步上。

❽ 放入已经预热好的烤箱，中层，上下火，160℃，烤15分钟左右。

最后，蔓越莓饼干的面团也可以和曲奇一样，一次做很多，然后冷冻起来，想吃的时候拿出来在室温下化开、切块、烘焙。

红糖核桃饼干

我其实不太喜欢这款饼干的口感，不过依然写下了这个配方，一来我不喜欢的不见得别人也不喜欢，二来又是红糖又是核桃的，智商欠费的时候可以烤一盘补补脑。

材 料

黄油	100 克
低筋面粉	250 克
泡打粉	3 克
红糖	75 克
全蛋液	45 克
核桃仁	100 克

配方解读

这个配方量很大，我是考虑到一枚柴鸡蛋（去壳）的重量约 45 克，如果一次仅用一半，那剩下一半还得再处理，不如把这枚鸡蛋用完。

做 法

❶ 核桃仁切碎备用；黄油软化。

❷ 把红糖加入黄油中，打发成羽毛状。

❸ 全蛋液分三次加入黄油中，每次都用打蛋器打发均匀后，再放下一次的。

❹ 将低筋面粉和泡打粉一起筛入已打发的黄油中，揉成面团。

❺ 把已经切碎的核桃仁加入到面团中，搅拌均匀。

❻ 面团放入饼干模（也就是做蔓越莓饼干时用的那个），冷藏 1 小时以上。

❼ 将面团切成厚约 1 厘米的方块。

❽ 放入已经预热好的烤箱中层，上下火，170℃，烤 25 分钟左右。

黄油方块酥

材料

低筋面粉	100 克
黄油	75 克
细砂糖	35 克
粗砂糖	适量

做法

❶ 黄油软化，加入细砂糖，用打蛋器打发成羽毛状。

❷ 筛入低筋面粉，用橡皮刮刀拌成面团。

❸ 把面团塞进饼干模（依然是做蔓越莓饼干的那个，买都买了，就多用几次吧）整形，冷藏 1 小时。

❹ 把面团切成厚约 0.5 厘米的方块。

❺ 让每个方块在粗砂糖里滚一圈。

❻ 放进已预热的烤箱里，中层，上下火，180℃，烤 15 分钟左右。

消化饼干

材 料

低筋面粉	115 克
全麦面粉	135 克
黄油	115 克
全蛋液	45 克
红糖	50 克
麦芽糖	20 克
泡打粉	4 克

做 法

❶ 黄油软化；低筋面粉和泡打粉混合后过筛（全麦面粉不需要过筛）；麦芽糖隔水加热至软化。

❷ 把红糖和麦芽糖加入到黄油中，用打蛋器打发成羽毛状。

❸ 分三次将全蛋液倒入黄油中，节奏同前——每加一次后都用打蛋器打发均匀，避免出现蛋油分离的状态。

❹ 将低筋面粉、全麦面粉和泡打粉倒入黄油中。

❺ 用橡皮刮刀拌成面团，冷藏 1 小时。

❻ 用擀面杖把面团擀成 0.3 厘米厚的薄片。

❼ 用饼干切模切出形状，可以是圆形的，可以是方形的，也可以是动物形的，甚至可以是飞机形的，我用的是半月形的切模（见右图），但是，形状可以随意，大小不要差异太大，这个注意点我们在做巧克力奇普饼干时已经提到过，大小不一致会导致同一烤盘中的饼干有的过熟，有的未熟。

❽ 在饼干坯上用叉子或牙签刺一些小孔，如果没有这些小孔，饼干烤着烤着中间就会鼓起来。

❾ 饼干坯静置 20 分钟。

❿ 把饼干坯放入预热好的烤箱中层，上下火，180℃，烤 10 分钟左右。

姜饼人

一群姜饼人在一个烧裂了的巧克力火锅里碰头。

他们之间发生了什么？

比基尼妹子叫英台，蓝扣子是英台的哥哥英雄，和英台穿情侣装的是文才，胳膊折了的那哥们儿叫山伯。

当年英台不顾家人反对嫁给了山伯，她以为钱不重要，重要的是山伯对她好，老话怎么说来着？易求无价宝，难觅有情郎。

山伯其实也没有那么爱她，在书院上学时如此痴情的原因有三：

第一，山伯的家乡有这样的观念，娶不上媳妇的男人很失败。

第二，书院男女比例严重失调，只有英台一枚女生，狼多肉少，必须珍惜。

第三，英台家条件好，虽说父母不同意这门亲事，可世上哪有拗得过子女的父母呢？血浓于水，将来分遗产可少不了英台的。找白富美，少奋斗20年，山伯的几个哥们儿都快羡慕死他了。

两个人结婚以后问题就来了。

英台说周末我们去看电影吧。

山伯说不去，视频网站上免费的资源还看不完呢。

英台说我都好久没听歌剧了，上班这么累，也该犒劳犒劳自己了。

山伯惊呼“演出票那么贵，你也舍得买？我一路省吃俭用才有今天，而且我们还不富裕，应该先攒钱买房子。”

英台好不容易把山伯拖到饭店里，本来想好好吃一顿的，谁知因为一道水煮鱼两人又闹翻了。

英台说：“我们点个水煮鱼吧，我最喜欢吃辣了。”

山伯说：“水煮鱼很大一盆的，我们两个人怎么吃得完？点个别的吧。”

英台说：“谁说吃不完？我一个人就吃得完。”

山伯说：“你真是个饭桶！”

英台脸一沉：“那你来点菜。”

山伯点了菠菜炒鸡蛋、拍黄瓜和两碗米饭。

英台这下觉得没意思了，山伯和英台两个人的工资都不低，可山伯就是看不得英台花钱，哪怕她花的是她自己挣的钱，但凡英台网购的商品到了，他就没好脸色。山伯也没有任何兴趣爱好，没事时喜欢待在家里看影视剧，可问他最喜欢看什么剧，他又支支吾吾说不上来，觉得都还行。以前还愿意说点好听的哄英台高兴，墩个地、刷个碗、掐个葱、剥个蒜，也算模范男友了，结婚以后跟大爷似的，吃完饭把碗一推，人往沙发上一躺……英台又上班又做家务，天天累成狗。

这个周日山伯加班去了，英台想，难得他不在家，听说附近开了个温泉馆，每个池子做成桃心的形状，我去爽一爽，山伯不让我穿比基尼，我偏穿这个去泡温泉，好久没见哥哥英雄了，叫上哥哥一起去。

温泉池里雾气腾腾，谁也看不到谁，英台和英雄正聊得高兴呢，突然听见有人大叫：“裂了！裂了！”桃心池居然开裂了，温泉水从缝里渗漏出去。

英台和山伯就在这种情况下坦诚相见了。

山伯的周末加班是陪领导应酬，没想到会遇到穿比基尼的英台，他愣了一下之后，毫不犹豫地上去给了英台两个大耳刮子。

英雄当时就炸毛了，当着他的面欺负他唯一的妹妹，是可忍孰不可忍！一通拳打脚踢，把山伯的胳膊打断了。山伯的领导看到场面失控，连忙对山伯说：“你先顶着，我去叫帮手。”一溜烟地跑了。

英台何去何从？

和山伯闹成这样，这日子显然过不下去了，父母那里也没脸回去。

这时英雄的好哥们、英雄英台的父母当年看中的文才赶来了。

“英雄，你揍渣男居然不叫我！”

“英台，这么多年我没有忘了你，你不嫌弃的话，就踹了他嫁给我吧，你看我连情侣装都穿来了。”

英台说：“好！”

全剧终。

材 料

低筋面粉	175 克	牛奶	30 克
黄油	30 克	姜粉	1 克
红糖	50 克	肉桂粉	1 克
蜂蜜	60 克	泡打粉	3 克

配方解读

虽叫姜饼人，其实肉桂粉比姜粉更重要，那1克肉桂粉带来的口感提升远远胜过姜粉。

做 法

❶ 把黄油、牛奶和红糖放在一个碗里，隔水加热，中途不停地搅拌，直到全部化为液体，要求完全没有颗粒。

❷ 在黄油混合物中加入蜂蜜，搅拌均匀。

❸ 把低筋面粉、姜粉、肉桂粉和泡打粉筛入黄油中。

❹ 揉成面团。

❺ 用保鲜膜包起来，放入冰箱冷藏 1 小时。

❻ 取出面团，用擀面杖擀成约 0.3 厘米厚的面片，用饼干模压出形状（见右图）。

❼ 把姜人饼坯放入已预热的烤箱中层，上下火，180℃，烤 10 分钟左右。

最后是蛋白糖霜的问题。

蛋白糖霜分黏稠糖霜和柔软糖霜两种：黏稠糖霜是把25克鸡蛋清和200克糖粉一起搅拌均匀，主要用于勾边和点缀；柔软糖霜由25克鸡蛋清和150克糖粉一起搅拌均匀，主要用于填充。

做好的姜饼要拿出来凉凉后才能涂抹糖霜，因为如果姜饼温度高，糖霜很容易化成液体。

用不完的糖霜放入冰箱保存，如果干了，就滴几滴柠檬汁稀释。

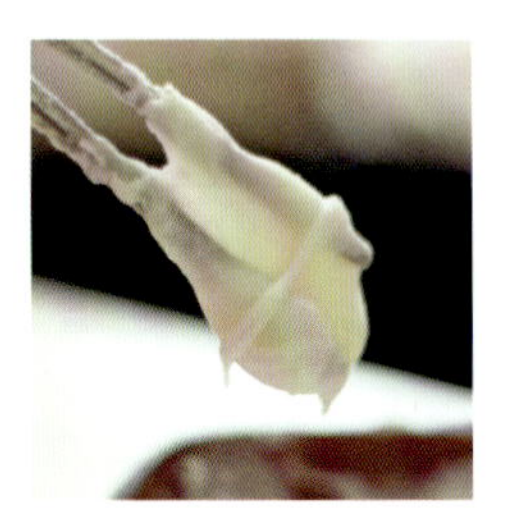
黏稠糖霜能长时间停留在筷子上不往下滑落

把黏稠糖霜倒入一次性裱花袋，剪一个特别细的口

用黏稠糖霜给圣诞树勾边

用筷子挑起柔软糖霜，糖霜能自然滴落

椰蓉瓦片

材料

黄油	50克
低筋面粉	60克
鸡蛋清	70克
糖粉	30克
椰蓉	10克

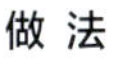

做法

❶ 黄油在室温下软化，加入糖粉，不用打发，搅拌均匀就可以。

❷ 加入鸡蛋清，搅拌均匀。

❸ 筛入低筋面粉，搅拌均匀。

❹ 加入椰蓉，拌匀。

❺ 在油纸上垫上瓦片模，将拌好的面糊均匀地填入模孔，抹平，撤下瓦片模。

❻ 放入已经预热好的烤箱中层，上下火，170℃，烤6分钟左右。

说明

我本来做得好好的，每个做法都很顺利，然而老虎也有打盹的时候，我居然把瓦片模连带面糊一起送进了烤箱，可怜的小塑料片就这样烤化了。

接下来该怎么办呢？买个新的瓦片模？

不存在不存在，我这么抠门怎么可能再花钱呢？

我的第一个想法是在油纸上随便抹抹算了，反正食物最重要的是好吃，讲究内涵的人不会只看外貌这么肤浅。至于蓝带厨艺学校说的“首先征服视觉，然后征服味觉”，现在只能二选一，当然选味觉！

下图（图1）是我乱抹一气的结果。

我的第二个想法是把这款配方去掉，手机这么好玩，我为什么要和一款饼干过不去呢？既然已经损失了一个瓦片模，就不能再损失时间和食材呀。

可就这样放弃不是我的风格！

我产生了第三个想法，因为最近在学做皮艺，所以家里有一大堆用于打版的卡纸，卡纸的厚度和瓦片模的厚度差不多，我把卡纸挖空，自制瓦片模，就是下图（图2）这样的。

抹上面糊是这样的（图3）：

一句话，你们就说我机智不机智？

然而我开心了还不到5秒钟，突然发现一个问题：模具用过之后是要擦洗的，纸糊的擦个三五次也就烂掉了，那不又得再做一次模具？这又画又挖的起码要用掉半小时好吗？

算了算了，还是回到最初的想法——在油纸上随便抹几下，人生不如意之事十之八九，就这样吧，挺好的。

最后椰蓉瓦片很好吃，值得一做。

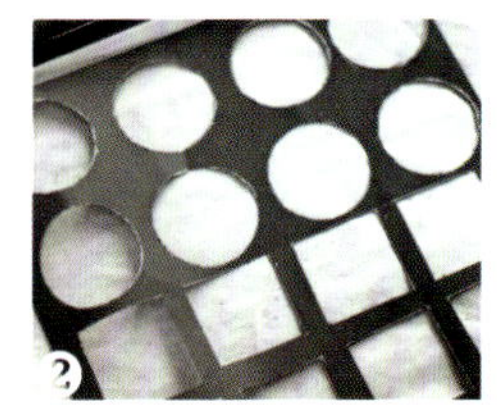

杏仁饼干

材料

低筋面粉	85克	全蛋液	35克
杏仁粉	20克	黄油	40克
细砂糖	40克	杏仁片	20克

做法

❶ 黄油软化。

❷ 加入细砂糖，用打蛋器打发成羽毛状。

❸ 分三次加入全蛋液，每次用打蛋器搅打均匀再加入新的蛋液。这都老生常谈了，现在还会搞成水油分离状态（见右图）的同学请自觉写一份5000字的检讨。

这就是水油分离的状态

❹ 把低筋面粉和杏仁粉筛入黄油中，用橡皮刮刀拌匀或用手抓匀都行。

❺ 把杏仁片加入面团中，拌匀。

❻ 将面团放入蔓越莓饼干模子整形，然后连模子一起放入冰箱冷冻40分钟。

❼ 从冰箱中取出，等稍微软化后，切成约0.5厘米厚的方块。

❽ 放入已预热至180℃的烤箱中层，上下火，烤15分钟。

狗饼干

我知道，你们想说你们不养狗，所以没必要做这款饼干，但是，你们总有朋友养狗吧？对狗爸狗妈来说，对狗狗好比对本人好更让他们心花怒放，真的，我以一个资深狗妈的名义向你们发誓：我们自己爱狗狗，就巴不得全天下都像我们这样爱狗狗。

今年过节不送礼，送礼只送狗饼干。

/ 打造对狗狗的999纯金之爱

材料

低筋面粉	175克
黄油	55克
淡奶油	25克
全蛋液	45克
蛋黄液	1个

请先尝试自己写一写做法，后面有答案。

我们已经做了这么多次饼干了，大家对烘焙规律也有了一定了解，我希望大家思考下这款饼干可能会是什么样的做法。

如果大家写不出来，那就把前面七个配方仔细看一遍，答案呼之欲出。

做法

❶ 黄油软化，打发成羽毛状。

❷ 分三次加入全蛋液，用打蛋器打发均匀。

❸ 分三次加入淡奶油，搅拌均匀。

❹ 筛入低筋面粉，揉成一个光滑的面团。

❺ 冷藏30分钟。

❻ 用擀面杖擀成0.3厘米厚的薄片，用饼干切模切出形状。

❼ 在每一块饼干坯的表面刷上蛋黄液，静置15分钟。

❽ 放入已经预热好的烤箱中层，上下火，175℃，烤10分钟左右。

手指饼干

这是一道超纲题，其中最关键的知识点如干性发泡、翻拌，在蛋糕的课堂里才出现，所以大家有兴趣的可以试试，兴趣不太浓的也可以学完蛋糕再来做手指饼干。
我之所以放在这里也是迫于无奈，谁让人家属于饼干呢？

材 料

鸡蛋	3 个
低筋面粉	100 克
细砂糖	60 克

说明

1. 手指饼干很重要，后面做提拉米苏时就要用到手指饼干，所以大家学完蛋糕后，一定要回来做一做。
2. 这款饼干里没有油，热量很低，但是鸡蛋没少用，胆固醇偏高，所以重视养生的同学请注意这些隐藏在配方里的信息。

网上有个配方特意注明手指饼干有润燥、增强免疫力、护眼明目的功能，我觉得这都扯破天际了，马屁不是这么拍的吧？在我心中这就是一款简单而美味的饼干，花儿看了会低头，胖子吃了不减肥。

3. 饼干坯怎么挤才能挤得好看。

（1）当我们需要长条形的时候：

A. 手巧的可以直接在烤盘上挤长条。

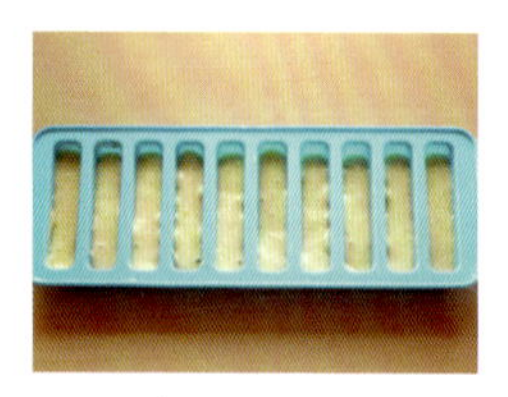

B. 手笨的请挤在专用模子里。

这两种方法做出来的手指饼干是有区别的：直接挤在烤盘上的容易熟，口感柔软；挤在模子里的则需要多烤几分钟，口感会相对酥脆一些。

做 法

❶ 把蛋黄和蛋清分开。

❷ 将蛋黄和 30 克细砂糖放在一起，打发至颜色发白。

❸ 把蛋清和剩余的 30 克细砂糖放在一起，打发至干性发泡。

❹ 将 1/3 打发完的蛋清放入打发过的蛋黄中，翻拌均匀。

❺ 剩余蛋清放入做法 4 的蛋黄中，翻拌均匀成蛋糊。

❻ 低筋面粉筛入蛋糊中，翻拌均匀。

❼ 把面糊装入裱花袋中，配圆形挤花嘴（见右下图）。我曾经不信邪地试过扁口形的挤花嘴，挤出来的是薄片。用齿形挤花嘴挤的手指饼干会有条纹，不像手指，像流水，不影响口感。你们要想凑合着用，那也行吧。

❽ 挤在已铺好油纸的烤盘上。

❾ 放入已预热到 180℃的烤箱，中层，上下火，烤 10 分钟。

把知识拉伸一下

盆栽酸奶

吃土吃土，穷得吃土。

这是我做的盆栽酸奶，其中的“土”就是将玛格丽特饼干碾碎，因为玛格丽特特别酥，所以很好碾。如果大家喜欢“黑土”，就在配方里把 100 克低筋面粉换成 95 克低筋面粉和 5 克竹炭粉，如果觉得“黄土地”更有营养，那就换成 95 克低筋面粉和 5 克可可粉。

上面插的草标是我种的薄荷，种了这么久的植物都用上了，“吃个土”我也是下血本了。

消化饼干奶油杯

大家看到这图能自动脑补是怎么做的吗？

其实就三步：把消化饼干磨成粉，挤点奶油，放颗樱桃。

奶油怎么打发、要放多少的糖，我先不剧透了，我相信大家学完本书，自己就会有答案，这里我只是提供一种可能的吃法，在“第三天”我们会讲到消化饼干的另一种吃法，敬请期待。

椰蓉曲奇

做法和奶油曲奇（见 55 页）一样，就是在原配方的基础上增加 15 克的椰蓉。

至于曲奇的形状，你们高兴怎么弄就怎么弄吧，反正也没有规定曲奇必须长成什么样。

西瓜妹的学习笔记

永远

当你说，你要去远方，独自
我知道，我们的故事没有永远
我问野草，是否相信永远
野草说，何来永远？只愿如凤凰般涅槃
我问月亮，是否相信永远
月亮说，永远太远，轮回却近在眼前
我问金牛老师，是否相信永远
老师说，必然是相信的呀
盛放食物的器皿永远需要擦干
低筋面粉永远需要过筛
烤箱永远需要磨合
黄油永远需要打发成羽毛状
同一烤盘上每块饼干永远需要捏成一样的大小
搁烤盘上的饼干坯之间永远需要保持空隙
我懂了，人生没有永远，烘焙的规律却处处永远
还有你，我的老师，永远的金牛女神

西瓜妹的备注：
老师，我是你创造的人物，你还想听什么样的溢美之词，尽管借我的口说出来吧，没关系的，这个锅，我背！

金牛批注：

滚！

烘焙知识大盘点，这届焙友行不行

1. 黄油为什么需要打发？
2. 黄油的两种软化方式是什么？
3. 面粉为什么需要过筛？
4. 什么是美拉德反应？
5. 化开巧克力为什么用隔水加热而不是直接加热？

第二天

基础蛋糕

烘焙精读课

课前热身

有一种美，叫失败

今天开始，我们会遇到一些困难，有时把蛋糕烤裂了，有时蛋糕回缩了，还有些时候我们似乎什么都没做错，好好的蛋糕却塌了。

不要担心，不要焦虑，没关系的。

每个人在学习烘焙的道路上都经历过这些，我失败的次数一定不比你们少。

我第一次做泡芙时没有做出空心的效果，第二次、第三次空心倒是做出来了，谁知把泡芙从烤箱里拿出来不到半分钟，它们就一个个塌下去了，第四次面糊又太稀了，挤的时候在烤盘里四处横流。

葡式蛋挞我第三次做的时候才成功，前面两次“叠被子”时漏油了，没有做出分层的效果。

第一次做焦糖布丁时，把焦糖熬成了拔丝。

还有很多很多啦！

唐僧师徒经历九九八十一难才取到真经，我们学烘焙遇到问题很正常，把问题一个个解决就行了。

那么失败了怎么办？

第一步，复盘。把配方再仔细看一遍，对照每一个细节，看看是不是有什么内容被忽略了。烘焙就是这样，失之毫厘差之千里，一个重要细节不对，一个关键做法没有做到位，满盘皆输。

第二步，复盘之后没有找到原因，就上网找相关视频学习。

每个人最高效的接收途径不一样，有的人看书学得快，有的人习惯用听的方式，还有的人要看视频，大家要根据自己的情况来选择学习途径。虽然我写书也费了不少心血，但并不期望大家把这本书当唯一的经典来膜拜，每个字、每句话都必须学进去，我绝对没有“老娘累得吐血，你们倒好，还要去找外面的妖冶货色”这样的想法。各位同学如果在网上看视频学得更快些，把这本书当成辅助资料，我举双手赞成，只要大家学得好，怎么都行，妖冶货色随便找，真的。

第三步，如果以上两步都进行了却依然找不到原因，那就先放一放，先做后面几款，或者索性停几天。

有时候做不成是因为功力不够，配方的难度超越了我们的驾驭能力。

这个听起来有点玄，但确实是这样，配方没有错，我们做得也没有错，偏偏结果一塌糊涂。当年我刚开始学习煮咖啡时，用的水是农夫山泉，用水量按规定，温度是对的，时间一秒不差，搅拌次数不多不少，可口感还是不好，这只能说我和咖啡建立的联系太肤浅，手感太差。

学习烘焙是同样道理，实在做不成的时候不要死磕，放慢脚步。我们停下来的时候，潜意识也在思考，今天想不通的问题，可能睡一觉醒来就通达了。

当然大家也可以上网找答案，比如说，在搜索引擎上输入“蛋糕开裂怎么办”“蛋清打发失败怎么办”……我尽量把疑点、难点写清楚，但也不排除有网友提供更聪明的解决办法，世界很大，我的这本书只是个引子，引导大家去探索烘焙世界，如果读者只局限于我所写的内容，那反而违背了我的本意。

玛德琳蛋糕 美食知识八一卦

“我是科梅尔西的玛德琳”——爆款的诞生

显然这是一款以人名命名的蛋糕，但玛德琳并不是这款蛋糕的原创者。
事情是这样的。

洛林公爵，全名斯坦尼斯瓦夫·莱什琴斯基，曾经的波兰国王斯坦尼斯瓦夫一世，法国国王路易十五的岳父，很能折腾的，两次上台，两次被撵，中间还爆发了波兰王位战争，虽然女婿为老丈人没少出力，但是国王的宝座还是没坐稳，第二次下台之后老头认命了，踏踏实实去洛林公国当公爵了，打打拳，遛遛鸟，开开派对，最美不过夕阳红，这一年是1736年。

洛林公国的居民们很喜欢吃甜食，玛德琳蛋糕是湮没在当地众多民间糕点中的一款，那时也不叫玛德琳，它普通得没有名字。

有一天洛林公爵举办晚宴，甜点师和厨师突然撕起来了，甜点师一气之下把做好的蛋糕摔在地上，拂袖而去。

这样不好，很没有职业道德。

一名女仆看不下去了，她说她会做一种蛋糕，贝壳状，柠檬味，甜丝丝、香喷喷的。

那就试试呗。

洛林公爵吃了之后的感受很不一般。人间竟有这样的极品！

摊上一个爱画画的作者，开心吗

晚宴后他把女仆叫来，问这蛋糕叫什么名字？

女仆摇了摇头："不晓得哎。"

他又问女仆："那你叫什么？来自哪里？"

"我是科梅尔西的玛德琳。"

洛林公爵大喜："定了！这蛋糕的名字就叫科梅尔西的玛德琳。"

玛德琳蛋糕从此扬名天下了吗？

并没有。

洛林公爵后来去巴黎看望女儿玛丽王后，他带上了玛德琳蛋糕作为礼物，父女一脉，玛丽王后也觉得不错，她虽然只是凡尔赛宫名义上的女主人，但其影响力用于推广个把蛋糕还是绰绰有余的，玛德琳蛋糕开始在巴黎走红。

那么，此时玛德琳蛋糕扬名天下了吗？

依然没有。

最多只能算是个区域品牌，连法国名牌都算不上。

光阴似箭，岁月如梭，一转眼一百多年过去了，第一次世界大战爆发了。

坐落于法国东北部的科梅尔西火车站客流量非常大，来来往往的军人很多，一些当地人开始在月台卖玛德琳蛋糕，南来北往的乘客则把蛋糕带到全国各地。

玛德琳蛋糕的名气因此而辐射到整个法国，其他地方的人烘焙时把配方进行了一些改动，出现了巧克力味的、抹茶味的玛德琳蛋糕，不过只有科梅尔西的玛德琳才是原汁原味的，就像德州扒鸡只有山东德州产的才能算正宗。

法国美食执欧洲美食之牛耳——我在《咖啡原来是这样的啊》里说到过意大利人对美食执着到让人飙泪，但17世纪初意大利的霸主地位就已经让给法国了，18世纪以后，欧洲各国都频繁地派厨师去法国学习，因此法国著名的美食也是欧洲著名的美食，就像好莱坞著名电影也是世界著名电影，玛德琳蛋糕在整个欧洲具有一定声名。

那么玛德琳蛋糕又是如何为我大中华吃货熟知的呢？

1905年至1922年间，法国作家普鲁斯特写了一部很少有人看得懂的惊天巨作——《追忆似水年华》，后来成为意识流小说的代表作。书里有段文字和今天的主角有关：

"这种名叫小玛德琳的，小小的，圆嘟嘟的甜点心，那模样就像是用扇贝壳瓣的凹槽做模子烤出来的。被百无聊赖的今天和前景黯淡的明天所心灰意懒的我不由分说，机械地把一匙浸了一块小玛德琳的茶水送到嘴边。可就在这一匙混有点心屑的热茶碰到上腭的一瞬间，我冷不丁打了个颤，注意到自己身上正在发生奇异的变化。我感受到一种美妙的愉悦感，它无依无傍，倏然而至，其中的缘由无法渗透。这种愉悦感，顿时使我觉得人生的悲欢离合算不了什么，人生的苦难也无须萦怀，人生的短促更是幻觉而已。我就像坠入了情网，周身上下充盈着一股精气神，或者确切地说，这股精气神并非在我身上，它就是我，我不再觉得自己平庸、凡俗、微不足道了。我觉得它跟茶和点心的味道又关联，但又远远超越于这味道之上。"

一句话概括就是：

"玛德琳蛋糕蘸茶吃太美味了！只咬了一口啊，老子就满血复活啊！"

普鲁斯特写得很美，把细微的感受精准地传递给读者，从文学表达的角度来说，厉害了！

可惜我快吐了！这段文字在各类美食书里实在出现了太多次。

再说这一个个的都读过《追忆似水年华》吗？别吹牛了好吗？意识流小说根本就不是一般人能读得下去的，我中文专业的都表示无能为力。

什么是意识流小说？它以人的意识为线条来安排故事情节，和时间无关，和空间无关，意识流到哪儿，故事就走到哪儿。

用脚指头想想就知道，如此高傲的小说怎么可能广为流传？我说它是惊天巨作只是形容它在写作手法上的大胆探索和对后世创作者的启示，并不说明它广受人民群众爱戴。

书中写到的美食要成为爆款，至少读者基数得够吧？

《追忆似水年华》1927年的出版以及二战以后以《追忆似水年华》为代表的意识流小说在文坛走红，只不过给玛德琳蛋糕添上一抹文学色彩而已，对其在中国的知名度没有起到推波助澜的作用。

终极问题来了：那为啥国产吃货们普遍知道普鲁斯特、《追忆似水年华》和玛德琳蛋糕的关系呢？

因为一个女人。

2005年有部名为《我叫金三顺》的韩剧红遍大江南北，大家讨论三顺，喜欢三顺，甚至羡慕三顺。出身平凡＋微胖＋乐观直率＋胃口好＋会做蛋糕＝泡到男神，这些条件我们统统具备！是的，我们其实离男神很近，伸伸手就够得着，还有什么比这更励志的？

看看万人迷金三顺都说了什么。

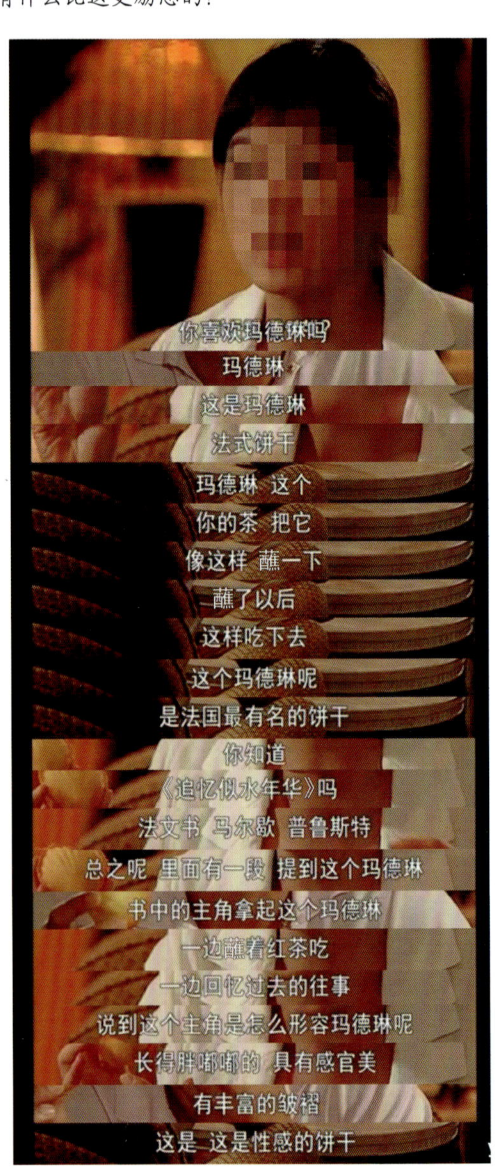

三顺详细介绍了玛德琳蛋糕的吃法、在法国的地位以及它和《追忆似水年华》的关系。

综上所述，玛德琳蛋糕在中国的成名和《我叫金三顺》有直接关系，和普鲁斯特的《追忆似水年华》只有间接关系。

既然本文是从玛德琳蛋糕的命名开始，那我就再扯扯中西美食不同的命名习惯，反正我逻辑差又总哔哔个没完你们都知道。

区别其实只有一点，中国是写实与写意并重，西方主要写实，偶尔写意。

写实的命名方法有三种：

第一，以原料命名。如我们浙菜中的冰糖甲鱼、杭椒牛柳、龙井虾仁，前面学过的蔓越莓饼干和以后要学的葡萄派、苹果派、南瓜挞、柠檬挞，以及我在《咖啡原来是这样的啊》里写到的拿铁（Latte，即牛奶）。

第二，以原料＋制作方法命名，名字里必然带动词。中餐里有人见人爱的红烧肉和鬼见鬼愁的凉拌折耳根，本书写到的南瓜焗饭。

第三，以产地命名。所谓产地可以是某道美食的产地，比如德州扒鸡、北京烤鸭、无锡酱排骨，还有我童年的美食、家乡的味道——嘉兴粽子，也可以是其中某项原料的产地，比如我们后面要学的夏威夷比萨，并不是因为夏威夷盛产比萨，而是因为夏威夷盛产这款比萨中用到的凤梨（即菠萝）。

写意的命名方法有两种：

第一，用相关的人物、事件命名。以人名来命名的例子很多，比如宋嫂鱼羹、东坡肉和我们会做的玛格丽特饼干，以事件来命名的很少，法餐里有一道叫热月龙虾的大菜，是纪念1894年公演的话剧《热月》，而话剧《热月》又是纪念1794年的热月革命，热月龙虾到底在纪念什么，我有点糊涂，反正是为了纪念。

第二，以比喻、象征、引用的方式或者祝福等其他务虚的方式命名。

金庸小说《射雕英雄传》里黄蓉把火腿挖了二十四个洞，每个洞里塞豆腐，起名叫二十四桥明月夜，就是写意。

写意方式的命名在西方美食里主要体现在饮品上，比如鸡尾酒，我最喜欢的B-52轰炸机确实有轰炸效果，我第一次喝的时候感觉整个肚子都炸裂了，又比如玛奇朵，意大利语意为烙印，做法就是在意式浓缩咖啡上加一勺奶沫，如同盖个烙印。

再回到玛德琳蛋糕。

玛德琳蛋糕如果叫科梅尔西的玛德琳，是写意与写实并存的命名方法，不过太复杂的名字容易被淘汰，我们最终不需要纠结到底写实多还是写意多，反正它现在叫玛德琳蛋糕，以后应该也是，终究归于写意。

最后，我想点评一下玛德琳蛋糕。

人要有内涵，食物也要讲内涵，人的内涵在于认知、眼界、格局和独立思考的能力，食物是用来吃的，所以一款食物的内涵不在于和某部艺术作品搭界、被哪个大咖描述过，而在于美味可口、余味悠长，以及宜人性——我说的宜人性是指其跨越地域、种族、文化的魅力。

法国人民喜欢玛德琳蛋糕，饮食习惯相差十万八千里的亚洲人民同样爱不释手，真正做到了民族的也是世界的。

最牛的是，玛德琳蛋糕好吃也就罢了，它还很好做，用料很常见，做法很简单，初学者三下两下就搞得定，这也太亲民了吧！这样的蛋糕即使没有普鲁斯特的倾心赞美，没有金三顺的诚意推荐，依然能在世界美食之林占有一席之地。从18世纪被命名到21世纪的名动天下，悠悠两三百年，浪花淘尽英雄，多少美食被湮没，多少做法已失传，玛德琳蛋糕却一直都在，还越来越讨人喜欢，这只能说明它本身是有实力的。

写了这么长，该收尾了吧？

不存在的，我怎么可能就这样放过大家呢？

玛德琳蛋糕的命名故事有个地方经不起推敲，大家发现了没有？

建议大家回到本文的开头再看一遍。

这款蛋糕的面糊湿度很大，绝不可能用手捏成贝壳状，必须有模子，女仆玛德琳自告奋勇做蛋糕，勇气可嘉，可模子哪来的？洛林公爵吃到这款蛋糕又惊又喜，可见是第一次吃，厨房从来都没做过，那就不可能备着模子，难道是玛德琳这小姑娘经常偷厨房的食材，然后用自备的模子做蛋糕吃？这脑洞也太大了吧？

不要看着我，我是童铃不是玛德琳，所以我也不知道。

配方

材料

低筋面粉	80 克
细砂糖	70 克
净柠檬皮	2 克
鸡蛋	2 个
黄油	75 克
泡打粉	2 克

做法

1 把黄油隔水加热，化成液体，放在一边备用。

2 刮下柠檬皮，只要黄色部分。

做法 2 的补丁

关于柠檬皮的两个注意事项：

第一，我看到的配方都说柠檬皮的白色部分有苦味，所以刮皮只要黄色部分。这个我亲自测试过，确实有一点苦，但不是很严重。

第二，准备好两把刀。刮柠檬皮时用薄一点的刀，厨师刀就可以，这样能轻易避开白色部分，把柠檬皮切碎时厚重的刀比较给力，比如居家必备的菜刀。

3 将柠檬皮切细碎，放在一边备用。

4 鸡蛋打入碗中，放入细砂糖，搅打均匀。

5 把化为液体的黄油加入鸡蛋液中，搅拌均匀。

6 筛入面粉和泡打粉，搅拌均匀。

7 把切成细碎的柠檬皮放入面糊中，搅拌均匀。

8 盖上保鲜膜，静置1小时。

9 在硅胶模上刷一层黄油。

10 把面糊倒入裱花袋中。

11 将面糊挤入硅胶模，约九成满。

12 放入预热好的烤箱中层，上下烤，190℃，烤5分钟左右。

做法10的补丁

两个注意事项：

第一，先把裱花袋套在杯子上，再倒面糊会较容易操作。

第二，杯子不要用窄口的，否则面糊取不出来。

金牛老师和西瓜妹的微信课堂

老师，黄油可以用色拉油代替吗？

可以，但口感没这么清新脱俗。

柠檬皮可以用橙皮代替吗？

可以，不过橙皮不如柠檬皮香。

抹茶口味的玛德琳蛋糕也可以这么做吗？

可以。

每个问题你都回答可以，这不像你的风格，我有点怀疑人生。

说得我跟杠精似的，那你要我怎么样呢？

具体讲讲呗，抹茶口味的玛德琳蛋糕怎么做？

把 80 克低筋面粉改为 78 克低筋面粉 +2 克抹茶粉。

烤箱温度适当降低一些，时间适 当延长一些。

适当二字很难把握。

我也没办法，毕竟每个烤箱都存在个体差异，我早就说过，配方上的时间仅供参考。

为啥要调成低温慢烤模式呢？

因为要烤成绿色的呀，温度太高就成深咖啡色了。

虽然深咖啡色也很性感，不过我知道的啦，你喜欢绿色。

指

抹茶粉真的只要 2 克就够了？

对着哩，再多就苦了。

那香橙玛德琳怎么做？

香橙玛德琳的配方我写在后面了。

这个配方比较无聊，创新性不够。

那你为啥要写？不会是为了增加书的厚度，好多卖几块钱吧？

我本将心向明月，奈何明月照沟渠。

15:43

当你凝视着深渊的时候，深渊也在凝视着你，你看别人时满眼污浊，别人又怎么回你一片冰心？

我只是觉得金牛座对钱比较敏感。

对呀，所以我们金牛座要避免浪费啊。

你想呀，本来我们吃完橙子，橙皮肯定得扔了吧？

现在不仅不扔，还能用来做蛋糕，帅吧？机智吧？能干吧？充满了生活的智慧吧？

而且橙皮含有大量胡萝卜素，顺便补补身体。

哎呀，看来中老年少女就是会过日子。

姿色平庸版海绵蛋糕（6寸）

配方

材料

全蛋液	150克
细砂糖	50克
低筋面粉	80克
色拉油	15克

做法

❶ 把细砂糖一次性倒入全蛋液里，用打蛋器先高速1分钟、再转中速2分钟、最后用低速的节奏打发。

❷ 蛋液流下时造成的花纹（图中用红笔圈出的部分）能保持至少5秒不消失，说明打发完成。

❸ 筛入低筋面粉。

❹ 快速翻拌均匀。

❺ 以涓涓细流的方式倒入色拉油，要倒在橡皮刮刀上，再次翻拌均匀。四字诀：轻、柔、缓、稳。

❻ 放入预热170℃的烤箱中下层（或下层），上下火，烤25分钟左右，拿出，倒扣。

做法4的补丁

啥是翻拌?

搅拌我们懂，拿手动打蛋器或者搅拌棒顺时针（逆时针也行）方向搅动。

翻拌是橡皮刮刀沿容器壁往下铲，再翻过来，动作要领我画给大家看。

暗黑哥特风的橡皮刮刀

尿色的面糊

浴缸风格的容器

为啥要翻拌?

我们辛辛苦苦把鸡蛋打发成满满一大碗，当然不希望很快消泡了，而且消泡了蛋糕怎么办？蛋糕之所以能长高高，就是因为鸡蛋里打入了空气。

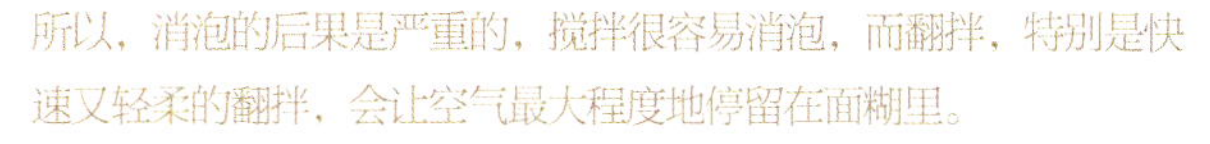

所以，消泡的后果是严重的，搅拌很容易消泡，而翻拌，特别是快速又轻柔的翻拌，会让空气最大程度地停留在面糊里。

做法7的补丁

倒扣是为了防止回缩。

用泡打粉膨发的蛋糕如玛德琳、玛芬，不存在回缩的可能性，所以不用倒扣，但是通过打发鸡蛋注入空气做成的蛋糕，如海绵蛋糕、戚风蛋糕则必须倒扣10分钟左右。

金牛老师和西瓜妹的微信课堂

老师，做蛋糕为什么非要用色拉油？

色拉油口味轻，不会喧宾夺主。

啥叫口味轻？

那啥叫口味重？

口味轻就是存在感低，吃蛋糕时感觉不到油味。

润物细无声。

理解到位！

用橄榄油可以吗？

为啥想到橄榄油？说出你的理由。

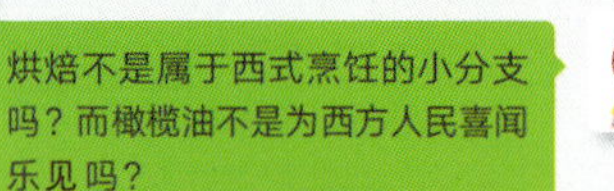
烘焙不是属于西式烹饪的小分支吗？而橄榄油不是为西方人民喜闻乐见吗？

所以呢？

所以蛋糕和橄榄油是标配，而色拉油是我大中华特产，蛋糕应该用橄榄油而不是色拉油。

16:03

色拉油的英文名字叫 Salad Oil，也就是西方人在拌沙拉时用的油，确切说它应该叫沙拉油，色拉油不是我大中华特产，恰恰和橄榄油一样来自西方，而橄榄油的味道也比较重。

用花生油可以吗？

依然不可以。

依然想问一句为什么。

花生油口味太重啊大妹子。

可是花生油炒菜特别香。

有一种咖啡叫蓝山，有一种美叫均衡。

蓝山之妙在于酸甜苦醇和谐自然，没有哪种味道太过突出，也没有哪种味道太过薄弱，大家共同构建一个完美世界。

所以蛋糕的油味太突出反而破坏整体的和谐？

大妹子你开窍了。

如果啥油也不用，蛋糕会不会做不成呢？

倒不至于做不成，不过蛋糕会干巴巴的。

你咋知道的？你做过实验？

哎呀～～

有一次一不小心忘了放油。

豪气冲天版海绵蛋糕（6 寸）

因为一大坨蛋糕不容易拍好看了，我随便加了点奶油和草莓上去，让海绵蛋糕有一种粗犷的气质，奶油的打发这里还没有讲到，你们也可以先打着玩玩，淡奶油和细砂糖一般是以 10 ：1 的比例混合打发。

配方

材料

低筋面粉	100 克	牛奶	40 克
全蛋液	150 克	草莓	8 个
细砂糖	85 克	奶油	适量
黄油	25 克		

做法

1 在蛋糕模里铺上油纸。

2 把细砂糖全部加到全蛋液里，搅打均匀。

3 锅里放热水。

4 把蛋液盆放锅里，加热到 40℃。

5 打发蛋液，高速打发 1 分 30 秒，转中速打发 1 分 30 秒，最后转低速。

6 蛋液流下时造成的花纹能保持至少 5 秒不消失，说明打发完成。

7 把低筋面粉筛入打发好的蛋液里。

8 翻拌均匀，不能有疙瘩。

做法 3~5 的补丁

一些书上说，全蛋液在 40℃的时候最容易打发，可是本宝宝这么有个性怎么能听他们的呢？

我做了两个实验以验证传言是否属实，用的鸡蛋是同一天生产、同一个品牌、同样重量的有机蛋。

实验 A：就是如本次配方中所述，把蛋液加热到 40℃再按高速 1 分 30 秒，转为中速 1 分 30 秒，再转为低速的节奏来打发，共用时 6 分 15 秒。

实验 B：鸡蛋从冰箱里直接拿出来打发，依然是高速 1 分 30 秒、转为中速 1 分 30 秒、再转为低速的节奏，共用时 6 分 43 秒。

这样就尴尬了。

你说加热蛋液对提升效率没有帮助，好歹也省了半分钟，你说有帮助，可是把蛋液升温到 40℃花的时间还不止半分钟呢，为了省打发那半分钟，前面折腾了 5 分钟，还要烧水耗费能源，这又何苦？

总结一下吧，我觉得传言未必是虚，但这个传言一定很古老，古老到电动打蛋器尚未发明，人类还在用手动打蛋器吭哧吭哧地打发蛋液，这种条件下，蛋液有没有加热到 40℃，打发时间相差应该不止半分钟，那么加热是有意义的。

9 黄油和牛奶放在一个碗里，隔热水化为液体。

10 把黄油牛奶混合液倒入面糊中，翻拌均匀。

做法 10 的补丁

可以在打发蛋液前就先处理黄油和牛奶。

两个要求：

1. 黄油和牛奶的混合物温度在 60℃时倒入面糊。
2. 倒在橡皮刮刀上缓冲一下，不要直接冲击面糊。

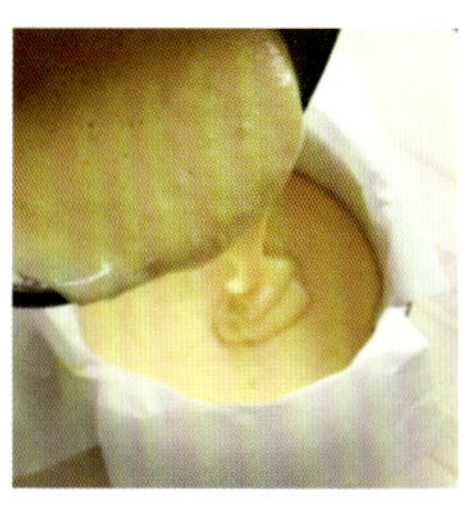

11 倒入蛋糕模中，轻震几下。

12 放入已预热至 180℃的烤箱中层，上下火，烤 40 分钟左右，如果中间发现上色过深，可能会裂，请在蛋糕模上盖张锡纸。

13 烤完后倒扣 10 分钟左右，脱模。抹上奶油，放上草莓。

金牛老师和西瓜妹的微信课堂

老师，黄油和牛奶的温度为啥要在60℃？

因为60℃时蛋糕的组织最细密。

能不能一直高速打发？我感觉这样效率比较高。

不能，因为高速打发下鸡蛋的气泡偏大，会导致烤出来的海绵蛋糕组织过于疏松。

你怎么知道气泡会偏大？我觉得全蛋液在打发后看起来都一样哎。

我在书上看到过有人这么说。

然后你就信了？

然后我趁双十一买了个显微镜。

显微镜之下，我确实看到了高速打发下气泡最大，低速打发下气泡最小。

先高速后中速再低速又是什么原理？

因为一直用低速打发比较慢啊。先用高速打发出大的气泡，再用中速把气泡打得小一些，最后用低速打得更细小一些，最终的气泡细小程度和一直用低速打发是一样的。

但会省些时间？

对。

我看到有人做海绵蛋糕时用到了水饴，水饴是啥？

水饴是麦芽糖的一种。根据制作过程与成分的不同，麦芽糖可以分为很多种。

用木薯粉（也可以是玉米淀粉）加热水发酵而成的是水饴，制作时加入小麦芽汁、糯米的称之为米饴。

加水饴的意义在哪里呢？

可以增加蛋糊的黏稠性和稳定性。

那你为啥不加？

因为我懒呗。

对了，老师，如果烤箱和微波炉掉水里，只能救一个……

必须是烤箱啊，想想饼干、蛋糕、面包、蛋挞以及各种烤箱菜吧。

那我就不明白了，既然烤箱以绝对优势战胜微波炉，那人类为什么需要微波炉呢？

微波炉是用微波去撩食物分子，让食物由里到外变热，烤箱用加热管产生热量，食物由外到里变热，因为加热原理和方式不同，所以微波炉加热食物速度更快。

也就是说，如果用于热剩菜剩饭，还是微波炉好一点？

可以这么说，不过你是灰姑娘吗？过得很苦吗？需要经常吃剩菜剩饭吗？

那倒不是。

其实烤箱也可以加热。

用烤箱热牛奶也太二了吧？

我就喜欢二。

真是一头倔牛呢。这两者还有什么不同？

金属材质的器皿不能放入微波炉，会爆炸；而烤箱喜欢金属，不能接受塑料，塑料会被烤化了。

懂了。

戚风蛋糕（6 寸）

戚风蛋糕英文名为 Chiffon Cake，Chiffon 是雪纺绸的意思，形容口感轻柔，我觉得还不如直接叫温柔一糕呢。前面讲过西方美食的命名方法，戚风蛋糕是写意式的命名。

口感马马虎虎，我打三颗星吧，直接吃有点乏味，一般都需要加点其他料，比如奶油，我们过生日吃的奶油蛋糕即是用戚风蛋糕打底的——戚风用于打底还是很称职的，口感不突出，存在感很弱，不会喧宾夺主，如同空气，有它没感觉，没它又不行，像玛德琳、轻乳酪蛋糕这样的都太骚情了，玛德琳一股柠檬味儿，轻乳酪一股奶味儿，当不了配角。

戚风蛋糕很有名也很重要，做戚风蛋糕属于必须修炼的基本功之一，但是对新手来说有一定难度，原因是需要注意的细节太多，但凡有一个细节被忽略，最后的结果都不尽如人意，鉴于这一点，我先把做法写出来，最后写无比烦琐的注意事项，大家做完一遍后再看这些注意事项，自己忽略了哪些，又不经意地做到了哪些，这样印象会更深刻。

材料

鸡蛋	3个	鲜牛奶	25克
低筋面粉	50克	细砂糖	36克（加入蛋清中）
色拉油	25克	细砂糖	20克（加入蛋黄中）

做法

1 将蛋清蛋黄分离。

2 在3个蛋黄中加入20克细砂糖，轻轻打散，不必打发。

3 在蛋黄中加入25克色拉油和25克牛奶，搅拌均匀。

4 再筛入低筋面粉，搅拌均匀后，放一边备用。

5 用打蛋器打发蛋清，当蛋清呈鱼眼泡状的时候，加入12克细砂糖。

6 继续打发，当出现较粗泡沫时加入12克细砂糖。

7 再继续打发到蛋清表面出现纹路的时候，加入剩余的12克细砂糖。

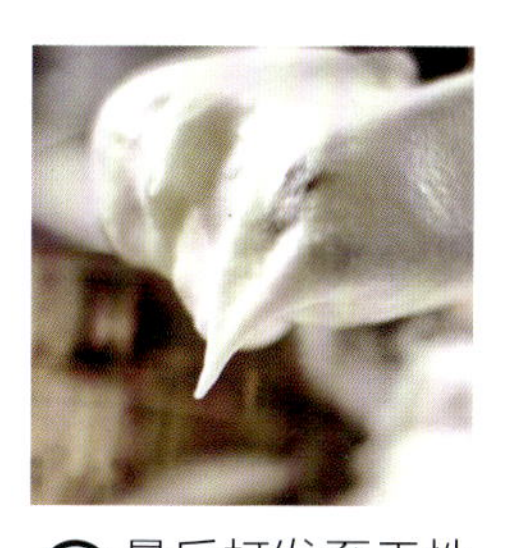

8 最后打发至干性发泡。

9 把1/3打发后的蛋清倒入蛋黄糊中，翻拌均匀。

10 把做法9的蛋黄糊全部倒入剩余的打发后的蛋清中去，翻拌均匀。

11 将混合好的面糊倒入模具，用力把模具拍几下，以减少面糊内的气泡。

12 放进预热至170℃的烤箱中层，上下火，烤35分钟左右。

注意点

第一，分蛋一定要彻底，蛋清里不能有一丝丝一毫毫一点点一丢丢的蛋黄，否则无论如何都不可能打发至干性发泡，最终烤出来的蛋糕会长不高。

第二，用的油一定得是色拉油，既不是浓郁的花生油，也不是昂贵的橄榄油，更不是香喷喷的黄油，就是超市里最普通的色拉油，同学们啊，我们做的是大象无形大音稀声的戚风蛋糕啊，同样缺乏存在感的色拉油才是标配啊，油味太突出不是好事啊。

第三，蛋清一定要打发到干性发泡的程度，也就是提起打蛋器，出现直立小尖角，而不是弯的（图1、2）。

第四，蛋清和蛋黄面糊混合后，一定用翻拌的手法让它们合为一体，请看清楚我写的到底是翻拌还是搅拌，该搅拌的时候翻拌了，问题不大，该翻拌的时候搅拌了，那就完蛋了。

第五，翻拌一定要迅速，动作幅度大一点没关系，但不要翻拌太多次，也不要持续太长时间，会消泡的。

第六，放入模具的面糊一定是半流质无颗粒的流动状态，以图3为标准。一旦拌出筋来了，厚厚的、稠稠的，最终烤出来的蛋糕会塌腰（图4）。

第七，蛋糕模具一定是干的、干净的，既不能有水，也不能有油，也不能有别的什么。任何偷懒的行为都会带来糟糕的后果。我曾经干过这种事，有一个蛋糕模子刚烤过戚风，我觉得不用洗了，反正下一个蛋糕还是戚风，又没细菌又不会串味，结果我得到了一个奇矮无比的蛋糕，我做过那么多戚风，就没见过长这么矮的。

第八，蛋糕模具上不要刷油，蛋糕有所附着才能长得高。我看到网上那些教大家用电饭锅做戚风蛋糕的视频都要求在锅内刷油，这是因为电饭锅相当于固底模，不刷油蛋糕取不出来，因此电饭锅蛋糕都特别矮。

第九，烤箱温度和烘焙时间一定要把握好。离上加热管太近或者烘焙时间太长，蛋糕会开裂，离下加热管太近，蛋糕底会回缩或者顶部塌陷（图5、6），所以我的建议是把温度计放烤箱里，随时感知温度。

第十，烤完后一定要倒扣10分钟左右，否则会回缩，做海绵蛋糕时已经讲过，这里就不多说了。

第十一，一定等蛋糕凉透了再脱模，否则也会导致回缩（图7）。

湿性发泡，蛋清的尾巴是弯的

干性发泡，蛋清的尾巴是直的

面糊倒入模具

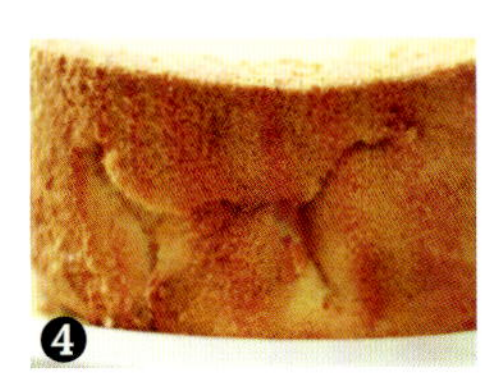
塌腰

底部回缩

顶部塌陷

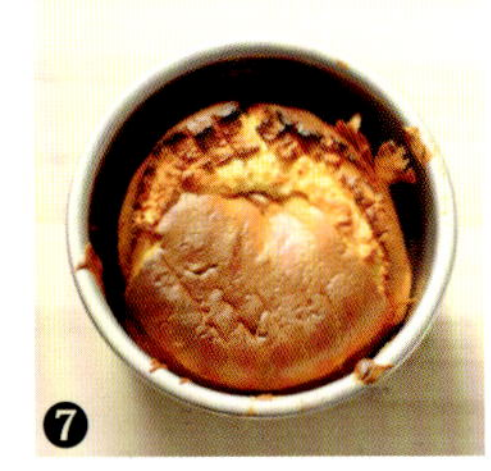
回缩

金牛老师和西瓜妹的微信课堂

老师，你测试蛋清在不同条件下的打发情况时，用的是不是同一个打蛋器？

是同一个，这个问题我在上一次的微信课堂上确实忘了提及。

我所给出的实验时间仅供参考，功率小的打蛋器用 3 分 10 秒，换个功率大的可能只需要 2 分30秒。

我突然觉得哪儿不太对劲。

所谓的高速、中速、低速只是相对而言。功率大的打蛋器的低速，可能相当于功率小的打蛋器的高速？

是。

那大家到底应该选择一款什么样的打蛋器呢？

功率小的吧，因为低速打发肯定不会有错。

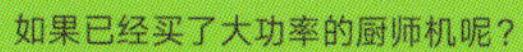

如果已经买了大功率的厨师机呢？

那就继续用呗，扔了也怪舍不得的。

打蛋清的时候，糖为什么要分三次放？

一次性全倒进去不行吗？

不行！

一次性加入所有的糖会增加蛋清的打发难度，空气进不来。打发完成后的蛋清体积偏小。

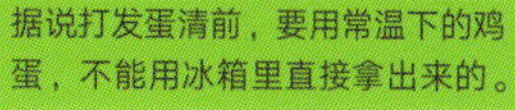
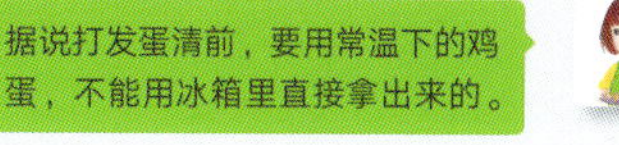

据说打发蛋清前，要用常温下的鸡蛋，不能用冰箱里直接拿出来的。

从打发的结果来看，这两者没有太大差别。

同样的测试条件？

当然。同一盒鸡蛋里拿出来的，生产日期一致、总重量一致。

我又听说，在蛋清中加入像白醋、柠檬汁、塔塔粉这样的酸性物质，会让打发更容易。

自从电动打蛋器发明以后，加 或者不加，打发都很容易。

那加了会更容易吗？

这个“更”细微到我几乎没有任何察觉。

老师，做蛋糕用的鸡蛋是越大越好吗？

对着呢。

可以用鹅蛋不？

事实上我确实试过用鹅蛋做戚风蛋糕。

我不信我不信，鹅蛋贵，老师抠门，肯定舍不得买。

实锤来了，这是鹅蛋和我家“二阿哥”巴顿的全景。

下面有请金牛老师讲讲感受，掌声在哪里？

膨发很差、味道很怪。

轻乳酪蛋糕

配方

材料

黄油	30 克
低筋面粉	30 克
玉米淀粉	15 克
细砂糖（分为 20 克和 30 克两份）	50 克
奶油奶酪（乳酪）	125 克
牛奶	125 克
鸡蛋	2 个

做法

1 把牛奶、20 克细砂糖和切碎的奶油奶酪放在一起。

2 把奶油奶酪混合物用小火隔水加热，不断搅拌直到完全化为液体。

做法 2 的补丁

要求搅拌到完全无颗粒，这对新入坑的小朋友来说实在太考验耐心。如果大家搅了很久还是有些小颗粒，可以把奶油奶酪、糖和牛奶的混合物筛一遍，记得把筛网背后的奶酪都刮下来，本宝宝最看不得浪费。

3 关火后在奶油奶酪糊中加入黄油，搅拌几下，直到黄油完全化为液体。

4 分开蛋黄和蛋清。

5 蛋清放在无油无水的碗中待用，蛋黄加入到奶酪糊中搅拌均匀。

6 把低筋面粉和玉米淀粉筛入奶酪蛋黄糊中，搅拌均匀，放在一边备用。

7 打发蛋清，分两次加入30克细砂糖。

8 打发至湿性发泡（见92页）。

9 分两次把蛋清倒入奶酪蛋黄面糊中，翻拌均匀。

10 放入已预热至170℃的烤箱中下层，水浴法，烤15分钟后，降为150℃再烤35分钟左右。

做法10的补丁

水浴法是在烤盘上放些水（约1厘米高），这样烤蛋糕的时候，烤箱内比较湿润，蛋糕不会被烤干，口感较为盈润。

注意点

1.如果用活底模装蛋糕糊，请用锡纸里里外外包起来，不要让水进入模具。

2.前面讲器具时已经提到过，水浴法对烤箱有一定伤害。几百元的家用小烤箱就随便折腾吧，几千元的嵌入式烤箱你们自己摸着良心衡量爱烤箱多还是爱这款蛋糕多，我个人觉得烤箱太贵的话，轻乳酪蛋糕不做也罢，《欢乐颂》里的曲筱绡都说了："人生有些阵地不重要的，让出去就让出去了"，毕竟好吃的蛋糕那么多……

金牛老师和西瓜妹的微信课堂

老师，我做的轻乳酪蛋糕表面开裂了。

轻乳酪蛋糕表面开裂是常见病。

几个关键点吧，第一，蛋清打发到湿性发泡的程度，不要打过了。

第二，把握好温度，170℃烤15分钟，你也可以降为160℃烤20分钟。

曾经有一位猛人为了防止开裂在140℃的条件下烤了1小时。

那就是放弃上色了？

没错。

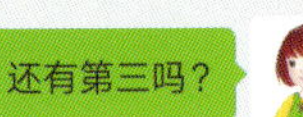

第三和模具有关系，模具浅而大，就不容易开裂，模具深而小，就容易开裂。

第四呢？

暂时没有了，非要有的话，也可以烤半小时后在烤盘上加些冷水，让烤箱环境更湿润些。

情况不严重的话，在表面刷一层蜂蜜，蛋糕凉下来后几乎看不出来有裂缝。

很严重就没办法了，将就着吃吧。

轻乳酪蛋糕是用固底模好还是活底模好？

当然是固底模好，烤盘里的水不会进去。

那怎么脱模呢？烤完后蛋糕不得粘在模子上？

所以要在模具内垫一张油纸啊。

先在油纸上画出模具的形状，再剪下来。

把油纸铺在模具里。

巧克力熔岩蛋糕

只有那些难吃的食物才需要追求养生的意义，吃了不上火，吃了降血压，否则根本就不具备存在的价值，我们也只有被洗脑之后才吃得下去。

巧克力熔岩蛋糕这样的妖艳货，外表坚强内心暗流汹涌，完全不健康，完全不养生，然而人类就是愿意抛弃理智，冒着发胖、增加血液黏度的危险去爱它，这才是一款食物最原始最野性的魅力。

配方

材料

低筋面粉	30克	鸡蛋黄	1个
黄油	55克	细砂糖	20克
黑巧克力	70克	朗姆酒	5克
鸡蛋	1个	糖粉	适量

做法

1 把黄油和黑巧克力切成小块，放入碗中。

2 把碗放在热水中，轻轻搅拌，直到黄油和巧克力完全化为液体，然后放一边备用。

3 把整个鸡蛋和另一个蛋黄放入碗中。

4 加入细砂糖并打发至浓稠状态。

5 把蛋液倒入巧克力与黄油的混合物（此时混合物的温度为35℃）中，搅拌均匀。

6 加入朗姆酒，用打蛋器搅拌均匀。

做法 6 的补丁

朗姆酒是增加香味的，实在没有就算了。

7 筛入低筋面粉。

8 搅拌均匀。

9 巧克力面糊冷藏半小时以上。

做法 9 的补丁

冷藏的时间长点没关系，我最夸张的纪录是冷藏了两天，结果依然很成功。

10 把面糊倒入模具中，八成满。

11 放入已预热至220℃的烤箱中层，上下火，烤8分钟。

做法 11 的补丁

注意烘焙的温度和时间，高温快烤，功率太低的小烤箱有可能会遭遇失败。

烤完之后赶紧吃掉，多停留几分钟巧克力就流不出来了，放回烤箱加热也没用。

不过话说回来，如果一个人连吃这样的事情都要犯拖延症，也就一废柴了。

12 在蛋糕表面撒上糖粉。

金牛老师和西瓜妹的微信课堂

外焦里嫩，很难做的感觉。

从未失手的飘过……

咋弄的嘛？

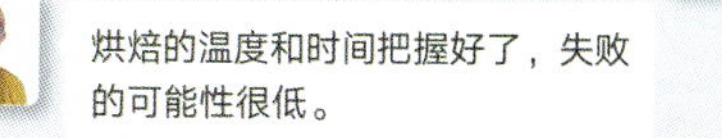

烘焙的温度和时间把握好了，失败的可能性很低。

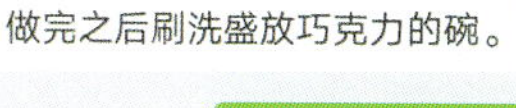

做完之后刷洗盛放巧克力的碗。

知道，用热水洗。

洗完后的水倒进马桶。

别忘了你亲爱的老师是卖巧克力火锅出身的。

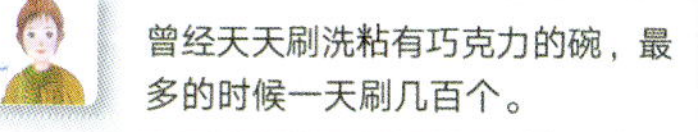

曾经天天刷洗粘有巧克力的碗，最多的时候一天刷几百个。

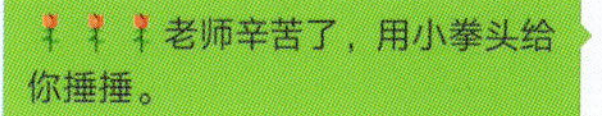

老师辛苦了，用小拳头给你捶捶。

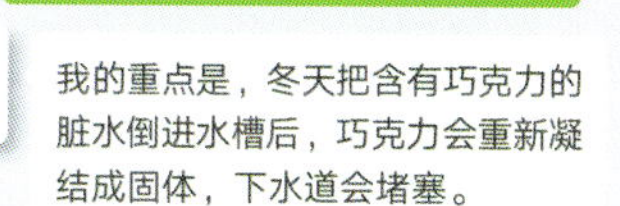

我的重点是，冬天把含有巧克力的脏水倒进水槽后，巧克力会重新凝结成固体，下水道会堵塞。

所以你除了刷碗还要通下水道？

我尝试过自己动手，从超市买了通下水道的疏通剂。

效果如何？

堵得不太严重时还有点作用。

严重了就只能找物业。

那时物业看见我，脸上就一副“你怎么又来了”的欠揍表情。

后来就把脏水倒入洗手间的马桶。

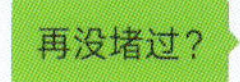

再没堵过？

没有。

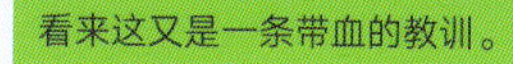

看来这又是一条带血的教训。

布朗尼

材 料

低筋面粉	90 克
黑巧克力	150 克
黄油	120 克
细砂糖	100 克
鸡蛋	3 个
牛奶	40 克
朗姆酒	20 克
核桃仁	70 克
泡打粉	4 克

做 法

❶ 把黄油和黑巧克力切成小块，放入碗中（黄油留一点单独加热，第9步用）。

❷ 隔水加热直到完全化为液体。

（前两步和熔岩巧克力蛋糕完全一样）

❸ 等黄油和巧克力的混合物温度降到35℃时加入细砂糖，搅拌均匀。

❹ 加入鸡蛋，搅拌均匀。

❺ 加入朗姆酒，搅拌均匀。

❻ 把低筋面粉和泡打粉筛入巧克力混合物里，搅拌均匀。

❼ 加入牛奶，搅拌均匀。

❽ 加入切碎的核桃仁，搅拌均匀。

（第3~8步一共六个“搅拌均匀”，顺序可以颠倒，先放哪个后放哪个，你们高兴就好）

❾ 模具内侧刷黄油。

❿ 将面糊倒入模具中。

⓫ 放入已预热至180℃的烤箱，中层，上下火，烤20分钟左右。

⓬ 等完全冷却后脱模并切成片，否则切蛋糕会碎。

我是用这个模具做布朗尼的，吐司模、天使模都可以，方便切片的都行

红丝绒蛋糕

材料

低筋面粉	160 克
可可粉	10 克
红曲粉	20 克
鸡蛋	2 个
牛奶	60 克
黄油	30 克
细砂糖	80 克
盐	1 克
泡打粉	8 克
香草精	4 克
奶油	适量
樱桃	1 个

做法

❶ 把黄油隔水化为液体。

❷ 低筋面粉、可可粉、红曲粉和泡打粉一起过筛。

❸ 所有材料放在一起，搅拌均匀。

❹ 倒入蛋糕模中，约八成满（可以是一次性蛋糕模，也可以是玛芬连模）。

❺ 放入已经预热至 180℃的烤箱中层，上下火，烤 25 分钟左右。

❻ 心情好的话可以挤点奶油，加个樱桃装饰下，毕竟这么大块蛋糕干吃也噎得慌。

乳酪玛芬

材料

黄油	60克
低筋面粉	80克
奶油奶酪	60克
细砂糖	50克
全蛋液	1个
淡奶油	60克
泡打粉	2克

做法

❶ 把黄油和奶油奶酪切成小块，在室温下软化（各自盛放，不要放在一个碗里）。
❷ 在黄油中加入细砂糖，打发成羽毛状。
❸ 在黄油中加入奶油奶酪搅打均匀。
❹ 少量多次地加入全蛋液，每加一次蛋液都要用打蛋器打至均匀，避免蛋油分离。
❺ 分两次加入淡奶油，搅拌均匀。
❻ 筛入低筋面粉和泡打粉，搅拌均匀。
❼ 把面糊倒入模具，约八成满。
❽ 放入已预热至180℃的烤箱中层，上下火，烤15分钟左右。

玛芬和纸杯蛋糕的区别

1. 做法不同。玛芬的做法有点像饼干，要打发黄油，又有点像玛德琳蛋糕，膨发靠的是泡打粉；纸杯蛋糕的做法更接近戚风蛋糕，膨发靠打发蛋清。
2. 口感不同。玛芬相对比较结实，纸杯蛋糕比较松软。
3. 外形不同。玛芬可以不装饰，纸杯蛋糕还是需要给它打扮一下的，比如挤点奶油啥的。

巧克力玛芬

材 料

低筋面粉	100 克	全蛋液	1 个
可可粉	10 克	细砂糖	40 克
泡打粉	3 克	牛奶	40 克
黄油	50 克	巧克力豆	30 克

做 法

❶ 黄油软化。

❷ 在黄油中加入细砂糖，打发成羽毛状。

❸ 少量多次地加入全蛋液，每加一次蛋液都要用打蛋器打至均匀。

❹ 倒入牛奶，搅拌均匀。

❺ 筛入低筋面粉、泡打粉、可可粉、巧克力豆，搅拌均匀成面糊。

❻ 把面糊倒入模具，约八成满。

❼ 放入已预热至 180℃的烤箱，中层，上下火，烤 15 分钟左右。

法式注心蛋糕

这显然是蛋糕界的一朵奇葩。
主流蛋糕往往通过加泡打粉或打发鸡蛋实现膨发，它没这需要，而打发黄油的做法更是接近饼干。我觉得这是一块巨大的夹心饼干，因为实在太大了看着不像饼干，所以就称为蛋糕了。

材 料

注心部分：

奶油奶酪	100 克
细砂糖	30 克
蛋黄	2 个
朗姆酒	5 克
柠檬汁	3 克
香草精	2 克（香草精也可以不加）

蛋糕部分：

低筋面粉	100 克
黄油	100 克
淡奶油	90 克
细砂糖	60 克
蛋黄	1 个

做 法

注心部分：

❶ 把奶油奶酪切碎，和 30 克细砂糖放在一个碗里。

❷ 将做法 1 的碗隔水加热，直至细砂糖完全化开、奶油奶酪软化。

❸ 分两次加入蛋黄，搅拌均匀。

❹ 在奶酪糊中加入朗姆酒、柠檬汁和香草精，搅拌均匀。

❺ 冷藏半小时。

蛋糕部分：

❶ 黄油在室温下软化。

❷ 在黄油中加入 60 克细砂糖，打发成羽毛状。

❸ 加入蛋黄，打发均匀。

❹ 加入淡奶油，打发均匀。

❺ 筛入低筋面粉，拌匀（怎么拌你们随意，揉成面团也行，最终结果没啥区别）。

组装：

❶ 在模子的底部和四周挤一层蛋糕坯。

❷ 把注心部分倒入中间。

❸ 在表面再挤一层蛋糕坯。

❹ 放入已预热至 170℃的烤箱中层，上下火，烤 30 分钟。

把知识拉伸一下

香橙玛德琳

材料

低筋面粉	60克
黄油	50克
细砂糖	45克
鸡蛋	1个
橙皮	10克
橙汁	15克

做法

和玛德琳蛋糕（见82页）做法完全一样。

可可海绵蛋糕

把100克低筋面粉置换为95克低筋面粉和5克可可粉，其他和豪气冲天版海绵蛋糕完全一样（见87页）。

西瓜妹的学习笔记

那些长不高的蛋糕是中了什么邪

学完蛋糕部分我都掉了一层皮，这可比饼干复杂多了。

我把所学的整理一下，毕竟配方和知识点是碎片化的，而金牛老师要求系统化地理解蛋糕制作，掌握规律，懂方法也懂方法论。

第一，蛋糕的膨发主要有两种方法：加泡打粉和打发鸡蛋，其中打发鸡蛋又分全蛋式打发和分蛋式打发。

膨发方式		举例	难度	怎么拌	最后做成的蛋糕特点
加泡打粉		玛德琳蛋糕、玛芬、布朗尼	★★☆☆☆	随便拌拌就好，开心就好，拌匀就好	加含铝泡打粉的蛋糕口感好但不健康，加无铝泡打粉的蛋糕相对健康但口感偏硬。 不管有铝无铝，加多了蛋糕都发苦。 当然也不是想加哪种就加哪种，现在的泡打粉都是无铝的，想买有铝的不容易，买到了也只能自己吃，做了送给别人吃警察叔叔是要不开心的，卖给别人吃食品监督局是要上门的
打发鸡蛋	全蛋式打发	海绵蛋糕（当然海绵也有分蛋式的，本书只以全蛋式为例）	★★★☆☆	翻拌	蛋糕组织绵密紧实，口感有弹性
	分蛋式打发	戚风蛋糕、轻乳酪蛋糕	★★★☆☆	翻拌	蛋糕组织较松，口感偏干

夹心的蛋糕像巧克力熔岩蛋糕、法式注心蛋糕都不需要加泡打粉，可能它们真的是饼干的延伸，饼干长大了，就成了蛋糕。

第二，影响蛋糕膨发的几个因素。

蛋糕以高大为美，能不能长高高是衡量成功与否的重要标志，就比如豪气冲天版海绵蛋糕，海拔 6 厘米为合格，老师做的有 6.1 厘米高，我做的还差点，只有 5.5 厘米高。

用到泡打粉的蛋糕略过不谈，它们的膨发是泡打粉这种材料在起作用，几乎没有什么技术含量，老师说如果连玛德琳都失败的话，需要面壁三年。

靠打发鸡蛋膨发的那几款蛋糕比较难，怎么都得失败几次。

长不高的原因之一：鸡蛋打发不够。打发全蛋液，当蛋液流下的花纹至少保持 5 秒不消失，算打发完成；打发蛋清，湿性发泡要能看到小弯角，干性发泡则是挺直的角。不要打着打着就忘了标准。

长不高的原因之二：鸡蛋的温度太低。老师用实验证明了鸡蛋在任何温度下打发时间是差不多的，但做出来的蛋糕高度会有区别，用 40℃的蛋液做的蛋糕个子更高。

长不高的原因之三：糖量不够。我是个大脸妹，大家懂的，我也想减肥啊，所以做蛋糕时擅自把配方上的糖量减了一半，然后就悲剧了，打发蛋液的时候气泡粗了，最终的蛋糕扁扁的。

长不高的原因之四：模具没洗干净，无所附着就长不高，这个老师讲过，我不重复了。

长不高的原因之五：翻拌的动作没有掌握好，手法不对，过程太长，消泡了。

长不高的原因之六：做可可海绵蛋糕时放了太多可可粉，可可粉最擅长破坏气泡。

每个蛋糕技术要领一大堆，放进烤箱前，怕它长不高，进了烤箱怕它裂，出了烤箱又怕回缩、怕塌腰、怕凹陷，真操心。

老师说，唯有练习。

我说，除了练习，还需要复盘。特别是出现重大瑕疵的时候，一定要找出原因，这样才能越来越接近真理。

最后，我把在网上读到的几句话分享给大家：

“春蚕到死丝方尽，
人至期颐亦不休。
一息尚存须努力，
留作青年好范畴。”

加油！

金牛批注：

这小鸡汤炖的。
我给的配方都适用于6寸蛋糕模的，如果读者只有8寸模，该怎么换算？

我们在家里做蛋糕，主流尺寸是6寸和8寸，这里的教学案例都是6寸的用量，以老师的抠门风格，如果主流尺寸也包括2寸，她会毫不犹豫地选最小的做示例。

6寸用的材料重量是8寸的0.56倍，8寸用的材料重量是6寸的1.78倍。

比如说，同一款蛋糕，6寸用100克低筋面粉，8寸就得用178克，6寸用3个鸡蛋，做成8寸的就得用5个鸡蛋，还得是偏大些的鸡蛋。其他材料也以同样的比例换算。

金牛批注：

正解。

烘焙知识大盘点，这届焙友行不行

❶ 干性发泡和湿性发泡有什么区别？
❷ 哪些原因导致蛋糕长不高？
❸ 翻拌是怎么个拌法？
❹ 玛芬蛋糕和纸杯蛋糕有哪些区别？
❺ 还有一道关于戚风蛋糕的连线题留给大家：

失败点	失败原因
蛋糕长不高	用的油为橄榄油
表面开裂	蛋清的打发程度仅为湿性发泡
底部回缩	上火太高
顶部塌陷	分蛋不彻底
油味太突出	模具不干净
整个蛋糕回缩	下火太高
塌腰	烘焙时间太长
	没有凉透就脱模
	搅拌而不是翻拌蛋清
	用涂上防粘材料的蛋糕模装面糊
	蛋糕没凉透就脱模
	蛋糕烤完后没有倒扣

第三天

慕斯

烘焙精读课

慕斯蛋糕的底牌

慕斯由蛋糕底和慕斯糊组成，今天的主要内容是讲慕斯糊怎么做，我先简单介绍下蛋糕底的做法。

慕斯蛋糕的底一般有这么几种：

第一种：碾碎的奥利奥饼干或者消化饼干。

消化饼干也是一种奇怪的存在，单吃呢，口感不怎么样，给慕斯打底呢，又有点油腻，这有可能是加了黄油的缘故，总之，存在感太强，不是好配角。

当然啦，消化饼干的名字起得不赖，听起来还是很健康的嘛，让人觉得哪儿哪儿都得用用它。其实还不是一大把糖和一大块黄油？

材料：

无盐黄油 30 克，消化饼干或者奥利奥饼干 80 克（适合做一个 6 寸的慕斯）

做法：

1 黄油隔水化成液体。

2 把饼干装进保鲜袋，再用擀面杖把饼干碾压成粉末状。

3 把饼干末倒入容器中。

4 再倒入化为液体的黄油，搅拌均匀。

5 把黄油和饼干末的混合物放入慕斯模。

6 用力压一压。

做法6的补丁

图中压一压的工具大家选一个底部平整的就行，压的时候用力均匀，不要忽重忽轻。

7 压平实后冷藏半小时。

第二种：海绵蛋糕。

为啥用海绵蛋糕而不是戚风蛋糕呢？

这是因为慕斯糊分量很重，海绵蛋糕的组织体比较细密，能够承重，而戚风蛋糕太轻柔，刷点奶油霜裱个花还行，慕斯糊这种又是奶油又是奶酪又是牛奶的，搞不好还夹杂点巧克力啊酸奶啊果肉啥的，柔弱的戚风无力承受。

做法一：把海绵蛋糕冷冻半小时左右（这样蛋糕会有一定的硬度，比较好切），然后平均分成三份，有专门的分层切片蛋糕圈，也可以用牙签标注一下高度，用刀延着牙签平切。再次强调，要用锯齿刀，蛋糕边缘会比较平整。

用分层切片蛋糕圈平切海绵蛋糕

用牙签标注高度

做法二：烤一盘海绵蛋糕（省钱版和豪气冲天版都可以），然后用慕斯模切两至三片，做法如下：

1 在方形烤盘上放油纸，再铺上面糊。

2 烤完后用慕斯模切出形状。

第三种：用手指饼干，提拉米苏指定用品。

做法（见72页）前面已经讲过，不过之前是挤成一条一条的，这里需要挤成一片，不好意思我突然之间有点迷茫，一片？一盘？一层？一饼？反正就是下图这样的，差不多1厘米高吧，大家领会精神。

用裱花袋挤面糊。以中心为起始点，再一圈一圈地往外挤，看不懂我在说什么的请参考蚊香的形状

如果把面糊直接倒进模具，最后出来就成这德行了

提拉米苏（6寸） 美食知识八一卦

不要带我走，请你提升我

我一个朋友嫁了个意大利老公，本配方由她提供，据说是意大利真传。我试过之后觉得非常好吃，最难得的是做法很简单，连吉利丁都用不着，它自己就能凝固。国内流行的硬身版、软身版配方都太复杂，料也太多了，反而让最重要的马斯卡彭奶酪味道不太突出。

在我们开始做之前，有一个问题值得澄清一下：在意大利语中，提拉米苏（Tiramisu）并不是国内广为流传的“带我走”的意思，而是“提升我”“往上拉拔”“让我心情愉悦”。维基百科上说是“pick me up”“cheer me up”“wake me up”“lift me up”，总之是up，各种提溜，其他提溜也就算了，最诡异的是“wake me up”，这是要叫我起床？

其实“提升我”比“带我走”好多了。我们现代女性去哪儿耍、在哪儿生活还等着别人来带？这是活在水深火热之中还是目不识丁出门就抓瞎？还是百病缠身没人扶着都走不动道？

当然是提升更有意义了。

人和人之间的交往最重要的是能不能互相滋养，对方的头衔、钱包、社会地位并没有那么重要。当我们遇到这样一种人——不论男女，内心很强大，心灵很充实，我们和他们在一起，情感得到理解，感受得到尊重，消耗心理能量的事情或许有，但一定不多，我们想起他们内心就充满了动力，这就是“提拉米苏我们的人”。就像李娜和姜山，姜山在网球上的成就远不如李娜，但李娜若没有姜山，力量就没有源泉。

同时我们自己也要增加内心的能量，成为坚定而有力量的人，别人提拉米苏我们，我们也要去提拉米苏别人，互相提拉米苏，彼此成全。

配方

材料

A：马斯卡彭奶酪　250克
细砂糖 50克（分为20克和30克两部分）
鸡蛋黄　2个
鸡蛋清　1个
B：意式浓缩咖啡　20毫升
C：6寸手指饼干　2片
D：可可粉　适量

做法

马斯卡彭奶酪糊：

1 马斯卡彭奶酪用打蛋器打至顺滑，放在一边备用。

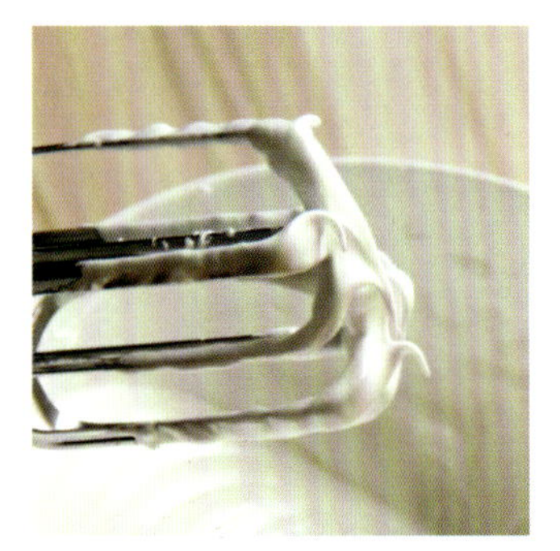

2 把蛋清打发至湿性发泡的程度，把30克细砂糖分三次放入。

3 在蛋黄中加入剩余的20克细砂糖，用打蛋器打至微微膨胀。

做法2、3的补丁

做法2和3顺序可以颠倒。

我之所以先打发蛋清，是因为这样能少洗一次打蛋头。前面已经说过，打发蛋清时打蛋头必须无油无水，蛋清里不能有蛋黄，哪怕一点点，但打发蛋黄没有这么多要求。

4 把打发后的蛋黄和蛋清倒在一起，翻拌均匀。

5 加入马斯卡彭奶酪，翻拌均匀。

组装：

❶ 在手指饼干（见111页）上刷一层意式浓缩咖啡。

❷ 把1/2马斯卡彭奶酪糊倒在手指饼干上。

❸ 以上动作重复一次——在奶酪糊上放一片手指饼干，在手指饼干上刷咖啡液，再倒剩余1/2奶酪糊，然后冷藏4小时。

做法1的补丁

意式浓缩咖啡我用咖啡机萃取的，如果没有咖啡机，就用速溶咖啡粉（不含糖和奶的那种）加点热水，搅和搅和，越浓越好。

❹ 在表面筛可可粉。这个在介绍糖粉这款食材时曾说过，大家有追求的话，也可以在可可粉之上加些装饰，比如用糖粉（见32页）。

关于筛网我补一张图：

当时因为没有找到泡工夫茶用的小滤网，所以我用筛面粉的大筛网撒的可可粉，其实滤网更灵活，边边角角轻易撒到，也不容易撒到蛋糕外，几乎不造成浪费。

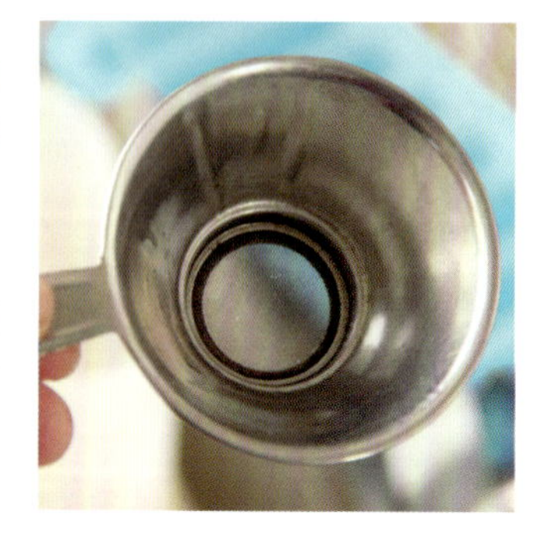

❺ 脱模。两种方法：一种是用电吹风吹慕斯圈边缘，一种是用热毛巾捂住慕斯圈，两种方法都是根据热胀冷缩的原理，慕斯圈作为金属制品遇热总是比较容易“激动”，一“激动”就掉下来了。

金牛老师和西瓜妹的微信课堂

老师，一定要吃生鸡蛋吗？

一定！

我有一种不祥的感觉。

嫌生鸡蛋不卫生？

有沙门杆菌，对吗？

这位同学，那叫沙门氏菌。

哦哦，我把大肠杆菌和沙门氏菌弄混了。

为什么鸡蛋里会有沙门氏菌呢？

鸡本来就不洗澡不消毒，还天天满地转悠，脏得要死，下蛋的时候蛋是连同粪便一起排出来的。

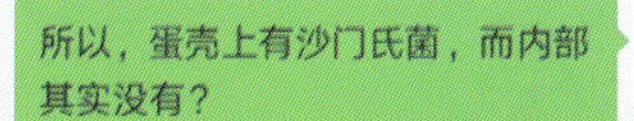

所以，蛋壳上有沙门氏菌，而内部其实没有？

内部也会有，蛋壳是后来形成的，先形成的是鸡卵，鸡卵可能已经感染了。

怎样才能消灭沙门氏菌呢？

气温达到20℃以上，沙门氏菌繁殖特别快，所以低温保存鸡蛋，比如放冰箱里，能控制沙门氏菌。

这么说来熟鸡蛋的沙门氏菌更多？把鸡蛋煮熟温度怎么都超过20℃了。

不存在不存在。

到71℃时，沙门氏菌反而活不成了，所以熟鸡蛋没有沙门氏菌。

还有什么办法能避免吃到沙门氏菌？

如果蛋壳已经破了，我们就别再用这个鸡蛋做提拉米苏了。

吃点好的，风险很大。

吃货的决心更大。

我看见某宝上在卖已经灭了沙门氏菌的鸡蛋，说是安全可靠，老人小孩孕妇适用。

你买过吗？用显微镜照过吗？

没买过，没照过，主要是我不知道沙门氏菌长什么样，即使在鸡蛋里照出活物来我也不知道是哪种菌。

老师，俄罗斯提拉米苏和意大利提拉米苏是亲戚吗？

不存在不存在。

俄罗斯提拉米苏音译为“梅朵维克”，实际是蜂蜜和奶油蛋糕。

我在国内的茶馆吃过，去俄罗斯时也买过，170卢布（约合人民币18元）可以买到非常大的一盒，国内和俄罗斯的口感基本一致。

来来来，图片来一个。

它为啥叫俄罗斯提拉米苏？

不知道哎，这名字又不是我起的。

那它会不会和意大利提拉米苏有类似的传说？

意大利的提拉米苏起源于文艺复兴时代，当时的妇女同胞相信吃了这个之后，男人的性能力会提高。

相当于伟哥？

对着呢。

那提拉米苏到底有没有这个效果？

那我就更不知道了，我又不是男人！

草莓慕斯

慕斯表面那层亮闪闪的东西叫镜面果胶，从烘焙店买来的时候是全透明的，之所以成为红色显然是因为我加了一点点红色素。

材 料

A：奶油奶酪	125克
淡奶油	100克
净草莓	125克
细砂糖	25克
吉利丁片	7克
冰水	35克
镜面果胶和食用红色素	适量
B：6寸海绵蛋糕	3片

做 法

1 准　备3片6寸的海绵蛋糕（见85页）。

2 把吉利丁片放在冰水中5分钟，等泡软后，水倒掉，隔水加热成液体。

做法2的补丁

我在前面的《美食演员表》中已经讲过，吉利丁的存在状态分为片和粉，如果大家买的是吉利丁片，那么它在冰水中泡软之后，把水倒掉，隔水加热至液体（或者直接放在低于60℃的温热食材中化开）；如果是吉利丁粉，那么需要放5倍的冰水，直到吸收了水分成为啫喱状，然后再隔水加热至液体。

这里再补充几句没讲到的，我特意放到使用情境中来讲。

这里有个关键词：冰水，如果放热水里会怎么样？

吉利丁片放在热水里，那么它会化开，当然这是我们需要的，但与化开同时进行的还有稀释，这就没必要了。

吉利丁粉放在热水里，粉很难吸收水分成啫喱状。

最后，我建议大家买吉利丁粉，因为价格比较便宜，我后面的配方有的写吉利丁粉，有的写吉利丁片，可以自行置换成吉利丁粉。

3 奶油奶酪加细砂糖，隔水加热，加热过程中不停搅拌，直至化为液体，不能有颗粒。

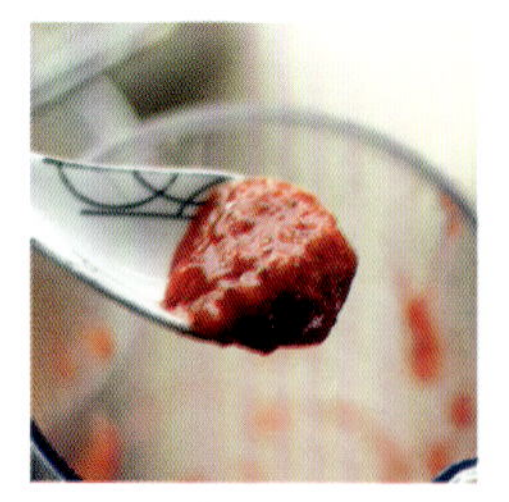

4 草莓用搅拌机打成糊。

5 淡奶油打发至有纹路。

融合：

1 把草莓糊放入奶油奶酪中，搅拌均匀。

2 把化开的吉利丁片放入草莓奶酪糊中，搅拌均匀。

3 淡奶油倒入奶酪糊中，搅拌均匀制成慕斯糊。

做法 1~3 的补丁

先搅拌哪个，后搅拌哪个，不重要，反正最终要把所有材料都放在一起。但务必是两两搅拌，两种材料搅拌均匀了，再加入第三种，搅拌均匀了再加入第四种……

组装：

1 在慕斯模里放入一片海绵蛋糕。

2 倒入 1/3 的慕斯糊。

3 以上动作重复两次，这个慕斯一共是三层蛋糕和三层草莓慕斯糊，冷藏 4 小时以上。

4 脱模。脱模的两种方法没忘吧（见 114 页）？可以将草莓切开装饰。

你们高兴的话，也可以在冷藏结束后，倒入一些镜面果胶作为装饰，镜面果胶是纯透明的，想调成什么颜色就加哪种色素，不高兴的话，就这样呗，也挺好吃的，反正味道已经定了，调整的是形象，我给的样图是加了镜面胶的。

金牛老师和西瓜妹的微信课堂

奶油奶酪可以换成别的奶酪吗？

你想换成啥呀？

呃……

我只是这么一说。

超市卖的切达奶酪如何？

也可以吧，口感会偏酸，奶味也不会这么浓。

轻乳酪蛋糕用的也是奶油奶酪，可以换成切达奶酪吗？

你对切达奶酪真执着。

可以换，就是口感不同。

酸？

酸！

草莓打成糊营养价值会降低吗？

当然会啦。

果肉细胞壁将被破坏，细胞里藏着的活性酶也会损失。

还有对人体有益的膳食纤维也会被破坏，比如对心血管有益的水溶性膳食纤维、对肠胃有益的不溶性膳食纤维，都随着搅拌机的隆隆声消失殆尽。

你们这样的中老年少女确实对健康常识了解得比较多。

我们除了年龄渐长，知识和经验也渐长，你这样的小朋友缺乏常识啊。

真禁不起逗。

巧克力慕斯

A：咖啡酒糖液	适量
（咖啡酒：糖：水 =2 ： 1 ： 1）	
牛奶	90 克
砂糖（粗细都行）	15 克
鸡蛋黄	1 个
吉利丁粉	5 克
冰水	25 克
黑巧克力	70 克
淡奶油	110 克
B：6 寸可可海绵蛋糕	3 片

做 法

准备：

❶ 吉利丁粉加 25 克冰水，充分吸水成为啫喱状后，隔水加热成液体。

❷ 黑巧克力隔水加热化成液态。

❸ 淡奶油打发至有纹路的状态。

❹ 牛奶和砂糖放在一起加热，边加热边搅拌（直接加热，并非隔水加热），让糖化为液体，牛奶的温度 80℃时熄火。

融合：

❶ 把牛奶和砂糖的混合液凉至不烫手的状态时，倒入打散的鸡蛋黄，搅拌均匀。

❷ 加巧克力液，搅拌均匀。

❸ 加吉利丁液，搅拌均匀。

❹ 加打发的淡奶油，搅拌均匀。

组装：

❶ 取一片可可海绵蛋糕（见 105 页），在上面刷一层咖啡酒糖液。

❷ 倒入 1/3 的慕斯糊。

❸ 以上动作重复两次。

❹ 把整个巧克力慕斯蛋糕冷藏 4 小时以上。

❺ 脱模。

酸奶慕斯

材 料

A：酸奶	200 克
奶油奶酪	120 克
淡奶油	120 克
细砂糖	70 克（分成 50 克和 20 克两份）
蜂蜜	20 克
吉利丁片	8 克
冰水	40 克
B：奥利奥饼干	80 克
黄油	30 克

配方解读

尺寸依然是 6 寸。

这里用的酸奶是用酸奶机做的，所以需要加 20 克蜂蜜增加甜度。如果大家是在超市买的酸奶，则不必加蜂蜜。

做 法

准备：

❶ 我用的是奥利奥饼干，怎么处理在前面《慕斯蛋糕的底牌》（见 110 页）一文中已经讲过。

❷ 把吉利丁片在冰水中泡软并隔水加热，直到化为液体。

❸ 把奶油奶酪切成小块，加入 50 克细砂糖，用电动打蛋器打至顺滑。

❹ 在淡奶油中加入 20 克细砂糖，打发至有纹路。

❺ 在酸奶中加入蜂蜜，搅拌均匀。

混合：

❶ 打发的奶油奶酪和淡奶油混合在一起，搅拌均匀。

❷ 把酸奶加入上述混合物中，搅拌均匀。

❸ 把吉利丁液加入上述混合物中，搅拌均匀。

组装：

❶ 把已经处理好的奥利奥饼干底放在慕斯圈里。

❷ 将混合好的酸奶慕斯糊倒入奥利奥的上面。

❸ 冷藏 4 小时以上。

❹ 脱模。

芒果慕斯（水中花）

草莓慕斯和芒果慕斯是一组的，大家搞得定草莓慕斯，就搞得定芒果慕斯，配方几乎是一样的，把草莓换成芒果而已。
不过我这样写配方，水分太大，加个注释就能说完的事非得变成两个配方，也是有点亏心，所以我加一段吧——如何把慕斯装饰成水中花。

材 料

A：慕斯糊	
奶油奶酪	120 克
淡奶油	100 克
芒果肉	125 克
细砂糖	25 克
吉利丁粉	7 克
冰水	35 克
镜面果胶、食用黄色素	各适量

B：水中花	
冰水	50 克
吉利丁粉	10 克
砂糖（粗细都行）	50 克
柠檬汁	5 克
芒果	1 个

C：海绵蛋糕	1 片

做 法

A 芒果慕斯糊的做法

准备：

❶ 吉利丁粉放在冰水里，成为啫喱状后隔热水化成液体。
❷ 奶油奶酪加细砂糖，隔水加热，加热过程中不停搅拌，直至化为液体，不能有颗粒。
❸ 芒果肉用搅拌机打成糊。
❹ 淡奶油打发至有纹路。

融合：

❶ 把芒果糊放入奶油奶酪中，搅拌均匀。

❷ 芒果奶酪糊用筛网筛一下。

❸ 把吉利丁液倒入芒果奶酪糊中，搅拌均匀。

❹ 加入淡奶油，搅拌均匀。

没过筛的慕斯糊，冷藏后表面不平整，口感粗糙

筛过的慕斯糊，冷藏后表面平滑，口感细腻

组装：

❶ 在慕斯模里放入一片海绵蛋糕。

❷ 倒入全部慕斯糊。

❸ 冷藏 2 小时以上。

❹ 将镜面果胶加入黄色素作为装饰。

B 水中花的做法

准备：

❶ 把吉利丁粉倒入 50 克冰水中，两者完全融合成为啫喱状。

❷ 把砂糖加入到 280 克水中，小火加热至沸腾，糖完全化为液体。

❸ 等糖水凉至 60℃以下时，把啫喱状的吉利丁加进去，搅拌直至吉利丁化开。

❹ 把柠檬汁加进去，搅拌均匀。

❺ 冷藏 10 分钟，形成略有黏稠感的果冻汁。

❻ 芒果取果肉切成条状，每一条长度可以不一致，宽度要差不多，尽量切得薄一些。

❼ 把切成条状的芒果肉冷冻 10 分钟，这样芒果肉会硬一些，方便造型。

❽ 取出已至少冷藏 2 小时的慕斯蛋糕（先不要脱模），把芒果肉从里到外一条一条地围成圈，花的大小没有定论，喜欢大花就多用几条芒果肉，喜欢小花就少用几条芒果肉。

❾ 轻柔地、缓慢地把果冻汁倒进去，注意别把花冲歪了。

❿ 冷藏 2 小时后脱模。

芒果肉切条

芒果肉围成圈

放大一下，芒果条围成花

抹茶慕斯

材 料

A：奶油奶酪	125 克
抹茶粉	10 克
淡奶油	100 克
牛奶	100 克
细砂糖	40 克
吉利丁粉	7 克
冰水	35 克
B：6 寸的可可海绵蛋糕	3 片

做 法

准备：

❶ 吉利丁粉放在冰水里，成为啫喱状后隔热水化成液体。

❷ 奶油奶酪加牛奶和细砂糖，隔水加热至化为液体，不能有颗粒。

❸ 淡奶油打发至有纹路。

融合：

❶ 奶油奶酪糊和淡奶油混合，搅拌均匀。

❷ 加入抹茶粉，搅拌均匀。

❸ 加入吉利丁液，搅拌均匀制成慕斯糊。

组装：

❶ 在可可海绵蛋糕片（见 105 页）上，倒入 1/3 的慕斯糊。

❷ 以上动作重复两次，这个慕斯一共是三层蛋糕和三层抹茶慕斯糊，冷藏 4 小时以上。

❸ 脱模。

把知识拉伸一下

樱花慕斯

选一个蛋糕底，选一种慕斯糊的做法，最好是酸奶慕斯，白色的底、粉色的樱花看上去会比较美，我是做芒果慕斯剩了好多料，就顺带做了樱花慕斯，底盘有点黄。

樱花所在的果冻部分请自行参考“水中花”（见123页）做法。

盐渍樱花在使用前请放在纯净水里泡1小时，让樱花舒展开，也可去除咸味。

西瓜妹的学习笔记

关于慕斯的结案陈词

慕斯是一种看起来很复杂，做起来很简单，吃起来很美味，听起来很高级的甜点。刚开始学的时候，觉得做法太多了，超越我的能力了，但是这几款配方全部做完后，我发现也很简单。

首先过程一般都分为三大部分：

第一部分：蛋糕体的制作。

第二部分：慕斯糊的制作。

第三部分：把蛋糕体和慕斯糊组装在一起。

做法虽多，其实都可以装进这三大部分，化整为零地去做慕斯，一点都不难。

然后呢，我想讲讲材料。

第一是鸡蛋的作用。

提拉米苏和巧克力慕斯中都用到了鸡蛋黄，蛋黄是为了让口感更顺滑，但是水果慕斯不能使用蛋黄。

蛋清是作为填充材料存在的，什么是填充材料？就是强化风味、增大体积的材料，蛋清和淡奶油打发之后体积都会增大，所以这两者都可以成为填充材料。

作为擅长自嗨的民族，意大利人做甜点没有那么严谨，基本上都是随便搞搞。不过世上的事情总是这样——越不严谨，脑洞越大，创意越多，而自律太过的民族永远拥有无可挑剔的执行力，却很难搞出石破天惊的创新。

金牛批注：

关于沙门氏菌我再补充一点，沙门氏菌引起的食物中毒用抗生素能治，不会死，所以不必太惊恐。

烘焙知识大盘点，这届焙友行不行

❶ 慕斯的蛋糕底一般有几种？怎么做？

❷ 吉利丁粉和吉利丁片化成液体各自需要哪些做法？

❸ 提拉米苏用的是哪种奶酪？

❹ 慕斯糊做完之后为什么需要冷藏？

第四天

比萨、焗饭与千层面

烘焙精读课

比萨的前世今生

比萨的起源有很多说法。

有人说比萨源自巴尔干地区的皮塔饼，也有人说比萨的前身是几千年前就出现的福卡夏面包，但是经过法国女学者的考证，所有关于比萨的传说都是瞎扯。

鉴于多数人都是道听途说，以讹传讹，而这位女学者花了几年时间研究比萨历史，最终写成了长达600页的论文，我当然相信她。

还有一种说法和中国有关，刘德华和王祖贤演的电影《摩登如来神掌》里讲到过：马可·波罗来中国旅行时，武大郎教他做大饼，做法传到意大利，就是现在的比萨。

意淫这个事情啊，私下里进行也就算了，要是堂而皇之正儿八经地写成说法，基本就属于精神有毛病。

世界各地的人们拥有小麦之后都会做大饼好吗？做了大饼都会在上面放点料，这是自然而然的事情，不见得是谁学习谁。

再说我大中华美食还不够牛啊，非得去占这个便宜？把全世界的美食都说成起源于中国才满意？尊重一下别人的智慧能怎么着啊？

马可·波罗来没来过中国本身就存在争议。事实上除了他自己的游记之外，中国没有任何记载和史料提到过他，他也没有带回去任何一件中国的产品，那么比萨借马可·波罗之手从中国传到意大利也就不可能。

比萨的故乡到底是哪里？

当然是意大利南部城市那不勒斯。

据法国女学者的考证，1535年，那不勒斯的方言里出现“pizza”，有甜咸两个版本：甜比萨内含高档的杏仁馅，富人当零食吃；咸比萨上涂有猪油，穷人当正餐吃。

18世纪时，那不勒斯已经有二十多家比萨餐厅，咸比萨依然使用猪油，依然没有馅，但是人们开始往饼皮里填香料了。

现代意义上的比萨出现于1889年，当时的意大利国王翁贝托一世带着玛格丽特王后出访那不勒斯，他们选中了一家名为Pietro il Pizzaiolo的比萨餐厅用餐，这是一次神奇的用餐，大家发现了很多不可思议的巧合。

巧合一：老板拉斐尔·埃斯波西托准备了好几款比萨，其中一款含有番茄、马苏里拉奶酪和罗勒，颜色和红白绿的意大利国旗刚好一致。

和其他巧合相比，这个巧合勉强算数，下面几项比较耸人听闻。

巧合二：翁贝托一世和老板埃斯波西托都出生于1844年3月14日。

巧合三：出生地都为都灵。

巧合四：他们长得很像。

巧合五：他们同一天结婚，新娘子都叫玛格丽特。

巧合六：他们的儿子都起名为维托里奥。

巧合七：国王加冕和餐厅开业是同一天。

还有巧合八，不过他们当时不知道，1900年7月29日老板在街上被人射杀，国王刚听说此事还没回过神来，就被无政府主义者刺杀身亡，同年同月同日生，同年同月同日死，一起来，一起走。

这事搁今天怎么都得验个DNA，看看是不是失散多年的孪生兄弟。

我们继续聊比萨，两家人这么有缘分当然一切都好说了。

玛格丽特王后很喜欢这款红白绿比萨，老板立刻很识趣地为之起名为玛格丽特比萨；老板需要做推广，国王夫妇就到处盛赞国旗比萨——国王的话还能有错？玛格丽特比萨很快受到了整个意大利国民的欢迎。

因为意大利的经济很不怎么样，南部尤其穷，19世纪末出现了移民潮，20世纪初到一战前每年约有25万人移居美国，主要是意大利南部居民，除了把黑手党带过去，也带去了比萨，再后来美国的文化向全世界渗透，比萨也就无人不知无人不晓了，平生不识比萨饼，就称吃货也枉然。

玛格丽特比萨的出现在比萨史上具有里程碑的意义，现代比萨的要素，比如发酵、马苏里拉奶酪、番茄酱、高温速烤一直保留至今，不管比萨的馅料如何变化，这些要素基本不变。

最后我想说意大利已经于2015年申请把比萨列为人类非物质文化遗产，比萨是人家的。

夏威夷比萨（6寸）

美食知识八一卦

意式比萨和美式比萨的区别

	意式比萨	美式比萨
饼底	1. 薄底，当然也有例外，比如西西里比萨 2. 只用面粉、水和酵母	1. 厚底 2. 除了面粉、水和酵母，还有糖、盐和橄榄油
馅料	单纯而朴素，一般不超过三种，少肉甚至无肉，依然只有西西里比萨（内含番茄、洋葱、凤尾鱼、面包屑等馅料）这个例外	肉！肉！肉 美国人没有肉怎么活得下去呢
比萨酱	用新鲜的番茄酱汁、橄榄油、大蒜和牛至做成，走小清新路线 并非比萨必备，比如白比萨，就一滴番茄酱汁都没有	番茄切碎扔水里，加入各种料，比如洋葱、黑胡椒、柠檬汁、罗勒、盐、糖……熬啊熬，终于熬成了比萨酱 每个比萨饼上都要用到
奶酪	使用上不拘一格，我们熟悉的马苏里拉奶酪在比萨上用量并不多，也可以使用其他奶酪，像玛格丽特奶酪，还有些配方里用到了水牛奶酪，甚至出现了一种叫四种奶酪的奇葩比萨，包含了马苏里拉奶酪、帕尔马奶酪、贡佐拉奶酪和斯卡摩尔扎奶酪	狠狠地撒上一把马苏里拉奶酪，撒得越多说明制作者越有诚意 简单粗暴，直奔最优。奶酪的种类虽多，却不是每一种都适合放在比萨上，像波罗伏洛奶酪、切达奶酪这样的几乎就没什么弹性，而科尔比氏干酪连发生美拉德反应都不可能，如果只能选一种的话，当然是马苏里拉奶酪，它易化开，有弹性，拉丝是一件多么欢乐的事，所以美式比萨非马苏里拉奶酪不用
制作	面团发酵至少需要7小时 发酵完成后揉面团的手法很多，比如压出比萨的形状，也有的压完后再抛，类似印度抛饼，都是纯手工制作 在烤制方面，许多意式比萨店仍然沿用着传统古老的窑烤方式（如壁炉型烤炉），燃料上使用松木或煤气，这样的温度能够达到425℃，同时要求师傅对火候和时间的掌控要有足够的经验 纯手工的结果是饼底形状不太完美，口感上有韧性、有嚼劲	发酵完成后用机械进行压制 在烤制方面，使用电炉、燃气炉等（如层炉、链条炉、烤箱等） 机械较多参与的结果是饼底平整，口感松软

意式比萨和美式比萨在本质上是纯手工打造的产品和工业化产品的区别。纯手工打造强调不计成本地达到最优，注定了这是一条小众之路；工业化讲究的是效率，是性价比，是可复制性，开连锁店当然要求同样配方、同样做法，机械制作的稳定性当然远远胜过手工。

这两者不都为人类所需吗？

意大利人进行感性的思考，去创新，去试错。美国人在这个基础上通过科学实验和理性思考找出最优因素，去推广，去普及。这简直是梦幻组合好不好？

配方

材 料

饼皮：		馅：	
高筋面粉	105 克	方腿	80 克
低筋面粉	45 克	菠萝肉	120 克
酵母	3 克	马苏里拉奶酪	100 克
温水	80 克	比萨酱	适量
橄榄油	10 克	卡夫奶酪粉	适量
细砂糖	5 克		
盐	2 克		

配方解读

1. 温水 80 克是个参考，大家可根据自己所处地区的湿度进行微调。

2. 温水也不能太温了，35℃左右时酵母的活性最佳，高过 40℃时酵母菌会中暑身亡。

3. 全部用高筋面粉或者中筋面粉也可以，不过我个人认为高筋面粉与低筋面粉以7：3的比例做出来的饼皮柔软度最合适。

4. 如果家里没有橄榄油，那就用黄油代替，然而黄油的奶味比较重，用在比萨里有可能会喧宾夺主。

5. 没有比萨酱，可以用番茄沙司代替，当然风味就差多了，番茄沙司相当于一个原生态的产品，滋味寡淡，比萨酱里有盐、胡椒粉等很多料，口感丰富。

6. 比萨草（也就是牛至）非常适合搭配番茄、奶酪，可惜口味太重，我无法接受，你们喜欢的话，也可以在刷完比萨酱后撒一点，我就不写进配方了。

7. 方腿请买贵一点的，便宜的方腿肉少淀粉多。大家知道我早年是个奸商，一切能省就省，但即使在店里卖比萨，我也不赞成用便宜的方腿——真的已经难吃得超出底线了。

8. 这款配方里馅的用量绝对实在，不过如果大家在自己的店里卖，方腿、菠萝、马苏里拉奶酪的分量统统打八折！请记住，方腿和菠萝一定要切成很薄很薄的片、马苏里拉奶酪一定要刮成很细很细的丝，这样虽然用量减少了，但看起来还是满满一大盘。顾客当然是上帝，不过投资人也是上帝，也给钱了，给得还更多。

做 法

饼底部分：

1 酵母在温水里放5分钟，以激发活性。

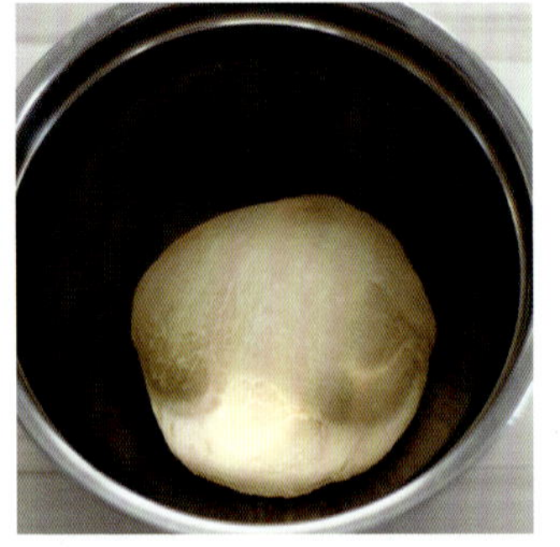

2 将酵母水与其余材料放在一起，揉成团，上面盖一块湿毛巾。

3 把面团放在温暖处静置，发酵至2倍大。

做法 2、3 的补丁

1. 盖湿毛巾是为了保持面团的湿度，也可以用保鲜膜包起来。
2. 做法 3 的面团确实达到了做法 2 的 2 倍大，看起来差不多大是摄影角度问题，请相信我。
3. 发酵到 2 倍大具体用多少时间，这个看室温，冬天和夏天显然不同，放暖气片上和不放暖气片上显然又不同。如果家里有咖啡机，也可以放在咖啡机顶上用来温杯的那块区域。（我是夏天做的这款，用了三十多分钟。如果要跟饼皮较真的话，最好是发酵七八个小时后再排气，大师都是这么要求自己的。）
4. 觉得差不多了，就在面团中间用手指头戳个眼儿，如果眼儿一直不消失，说明发酵完成。

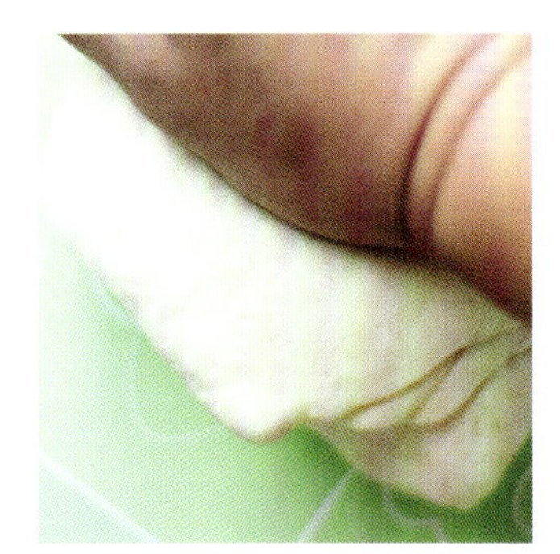

4 用手压、捶、揉面团，以达到排气的目的。

5 把面团切割成两个小面团，继续静置，盖上湿毛巾，还记得用什么切割吗？不是菜刀，是刮板。

6 发酵至 2 倍大。

7 用手按压面团排气。

8 用擀面杖擀成面片。

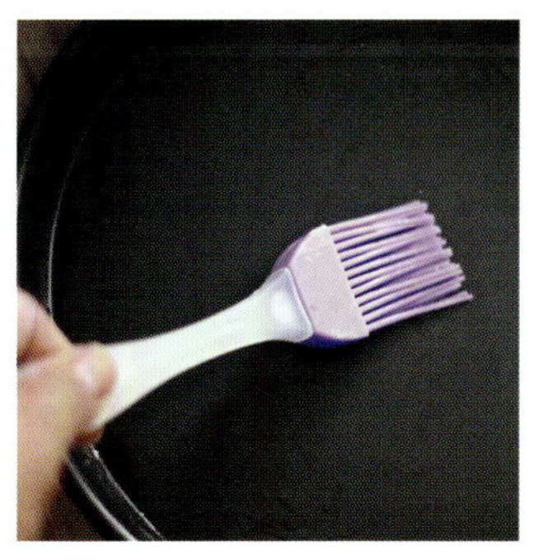

9 在比萨盘上刷一层橄榄油。

10 放入盘中。

11 用叉子或牙签刺一些孔，静置 15 分钟。

做法 10 的补丁

盘的边缘多出来的面皮可以用剪刀剪除。

做法 11 的补丁

捣出这么多孔来是为了水蒸气能排出去，否则饼皮会凹凸不平。

组装：

1 把菠萝肉切成薄片。

做法 1 的补丁

菠萝至少晾两三小时，晾的时候用厨房用纸把渗出的水擦干，否则比萨里水分太多。

2 把方腿切成薄片。

3 在饼皮上均匀地刷一层比萨酱。

4 把方腿和菠萝放在饼皮上。

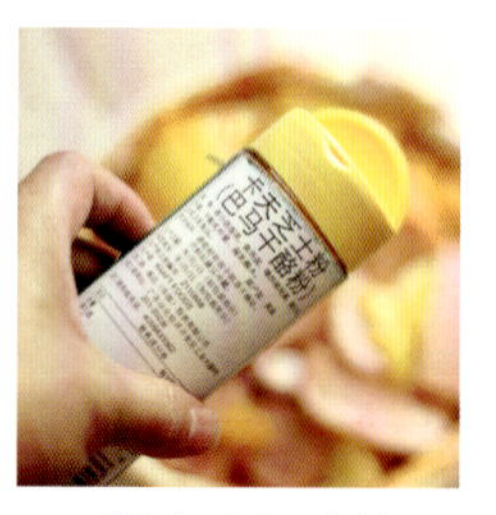

5 撒卡夫奶酪粉。

6 把马苏里拉奶酪刮成丝。

7 撒在比萨坯上。

8 放进已预热至 200℃的烤箱中层，上下火，烤 8 分钟。

金牛老师和西瓜妹的微信课堂

老师，做比萨所用的面粉在品牌上有要求吗？

有啊，意大利00号面粉，十多元一斤，这是用来做比萨最好的面粉。

那不勒斯比萨标准协会也对那不勒斯比萨的配方做了规定，只能用小麦心部磨成的极度精细的面粉——00号。

做饼底很麻烦，我可不可以一次做十张，用不完放冰箱冷冻？

然而好的比萨要求新鲜的饼底。

冷冻的饼皮除了不好吃之外，馅料也无法和饼底烤在一起。

我有一次用的就是冷冻的饼底……

馅料用的是鸡肉，然后我吃的时候鸡肉不停地往下掉，我家三只狗捡得高兴死了。

夏威夷比萨中的菠萝和方腿肉都能直接吃。

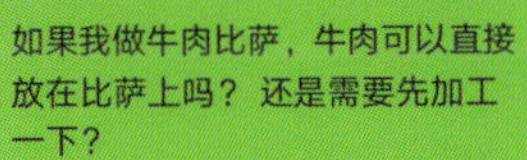

如果我做牛肉比萨，牛肉可以直接放在比萨上吗？还是需要先加工一下？

先加工一下。

放在比萨上的所有材料都要求是熟食。

还有，菠萝入菜真的好吗？

冰岛总统约翰内松曾说过，如果他有权力通过法律，会下令禁止把菠萝作为比萨饼的配料。

毫不掩饰对夏威夷比萨的鄙视。

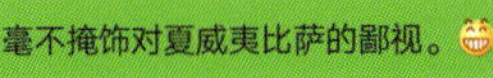

2017年2月21日他又在脸书的冰岛总统官方页面上发表《有关比萨饼争议的声明》：“我喜欢菠萝，只是不喜欢把它放在比萨饼上”。我没有权力制定禁止人们把菠萝放在比萨饼上的法律。我也很高兴自己没有这种权力。总统不应拥有无限的权力。”

被那不勒斯人引为知音。

那不勒斯人最讨厌在比萨里放菠萝。他们说放菠萝的比萨就不是比萨。

那总统大人觉得比萨应该放什么？

他说最好放海鲜。

他说得对吗？

见仁见智吧，其实菠萝加热一下还是有很多好处的。

比如说？

菠萝中的芳香物质很多，加在比萨里会让比萨更香。

又比如说？

菠萝中含有菠萝蛋白酶，吃多了会让舌头发涩，加热后这种酶就失去活性了。

舌头就不会发涩。

再比如说？

菠萝膳食纤维中的不溶性膳食纤维含量较多，吃进肚子里会刺激肠胃，加热后膳食纤维会被软化，刺激性就小多了。

还比如说？

我想不出来了。

感觉菠萝加热后一下子变得人畜无害了。

我接受菠萝入菜，但更喜欢原汁原味会让人舌头发涩的水果菠萝，一款食物的魅力是由优点和槽点共同构成的。

南瓜焗饭

配方

材料

隔夜饭	250克
南瓜肉	150克
黄南瓜	1个
熟咸蛋黄	1个
盐	3克
橄榄油	15克
马苏里拉奶酪	50克

配方解读

1. 用隔夜饭是因为经过一夜时间的放置，一部分水分会挥发，因此饭粒和饭粒之间比较松散。
2. 建议使用陈米，陈米的水分比新米少，所以黏性也差些。
3. 自己吃的话，喜欢马苏里拉奶酪的可以多放些，如果你们开店，是要卖给顾客吃，40克就足够铺满表面了。
4. 南瓜肉是指绿南瓜的肉，因为黄南瓜里瓜子太多肉太少，只能用来当盛器，所以这道焗饭其实要准备两个南瓜。

1 把黄南瓜挖空。

2 用勺把隔夜饭压散。

3 南瓜肉切成条。

做法2的补丁

压散，不是切散，也不是搅散，注意保护米饭的完整性。

4 盛南瓜的碗包上保鲜膜，大火蒸3分钟。

5 用勺把咸蛋黄压碎。

做法4的补丁

蒸字意味开大火，并且一定要有水蒸气，水必须是沸腾状态，所以请等水烧开了之后再把南瓜肉放进去。

做法7的补丁

炒15秒左右，直到每粒米饭和南瓜、咸蛋黄的味道融合在一起。

6 橄榄油烧热，把南瓜条扔进去炒一炒，放盐，再炒炒，然后放咸蛋黄。

做法6的补丁

1. 炒字意味着开中火或大火。
2. 用中火炒南瓜5秒，把盐放进去，炒5秒，再把咸蛋黄放进去，炒10秒。

南瓜是无味的，先放盐是要先让南瓜把咸味吸收进去，再放本来就咸的蛋黄。

7 放入隔夜饭，炒炒。

8 把炒饭放进南瓜盅里。

9 马苏里拉奶酪切碎或刨成丝。

10 把马苏里拉奶酪放在炒饭的表层。

11 放进已经预热至200℃的烤箱中层，上下火，烤15分钟左右。

做法11的补丁

如果不用南瓜作为盛器，而是用普通瓷碗的话，烤8分钟就可以了。加入南瓜会有南瓜的清香。

金牛老师和西瓜妹的微信课堂

如果我想做原汁原味的意式焗饭，应该选择什么样的意大利米？

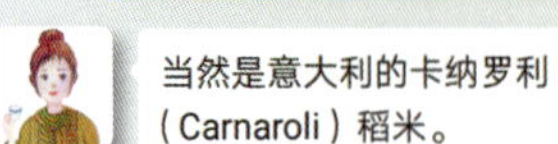

不过意大利主产圆粒米，卡纳罗利这种细长粒米产量比较低，价格比较高。

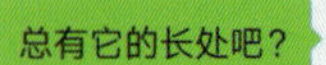

黏度低，不容易煮烂，甚至不需要淘米。

你懒懒哒！

除了煮之前米要泡20分钟以外，米和水比例最好是1：1.2。

老师你去过巴贝拉吗？

我去过啊，意式餐厅，还是连锁店，咋啦？

那你记得巴贝拉的焗饭吗？里面加了一些酱，应该是猪肉酱或者蘑菇酱之类的。

米饭焗之前要和其他材料一起炒一炒，加些酱会让滋味更丰富。

千层面

当初我还在筹备咖啡馆时，为了寻找适合在咖啡馆卖的半成品，跑去一家远在郊区的食品公司，第一次吃到了千层面，鸡皮疙瘩都起来了——我终于吃到了传说中的灵魂食物，而且半成品已经如此好吃，这要现做还不得上天?

最难得的是这款食物三观很正，有荤有素、有主食有奶制品，不油炸不腌制、无反式脂肪酸，营养齐全，品学兼优，美貌与智慧并重，谁说好吃的都是垃圾食品? 美味和健康凭什么是对立的?

这么多年过去了，它一直在我心里。

我现在怀着万分激动的心情为大家写这个配方，就像为心中的男神立传一样，满心满肺的爱慕不知道如何表达。

当然啦，千层面也不是没有缺点，就是制作比较烦琐，材料清单很长，做法也很多，看在好吃的份上，我希望大家不要怕麻烦。

有些美食的制作就是要走一条很长、很长的路，然而销魂的口感终将抵消一切辛苦。

做人呢，最重要的是吃得开心!

材 料

A：千层面部分	
千层面片	3 片
盐	5 克

B：肉酱酱汁部分	
橄榄油	20 克
胡萝卜	40 克
洋葱	40 克
西芹	20 克
蘑菇	15 克
番茄	150 克
肉末	150 克
橄榄油	15 克
盐	3 克
黑胡椒粉	1 克
红酒	20 克

C：杏鲍菇部分	
橄榄油	15 克
杏鲍菇	1 根

D：奶油白酱部分	
黄油	15 克
低筋面粉	15 克
牛奶	200 克
盐	2 克
黑胡椒粉	1 克

E：奶酪部分	
马苏里拉奶酪	60 克
卡夫奶酪粉	适量

配方解读

1. 胡萝卜、洋葱和西芹属于芳香蔬菜，使用比例是 1 : 1 : 0.5。
2. 蒜的味道比较重，不建议放。
3. 大家也可以把盐换成老抽，我觉得浓油赤酱的肉酱酱汁更好吃，只不过酱油是亚洲人喜欢用的，换成老抽不够原汁原味，成亚洲千层面了。（如果用老抽，分量为 5 克，另要加 2 克白糖，糖可去除酱油里的涩味）

做 法

肉酱酱汁部分：

1 把胡萝卜、洋葱、西芹、蘑菇、番茄洗净，切成丁。

2 橄榄油烧热，放入肉末炒一炒，变色后盛出来装盘备用。

3 把洋葱丁炒出香味，放入胡萝卜丁、西芹丁、蘑菇丁和番茄丁一起炒8秒。

4 再将炒过的肉末也放进去炒5秒。

5 加入红酒、300克水，煮沸后转小火，炖40分钟后熄火，加盐和黑胡椒粉。

肉酱酱汁部分做法5的补丁

鉴于大家对小火的理解多少有些差异，这里很难量化，而火稍大些或稍小些都会影响收汁所需的时间。

所以这里给的时间只是个参考，如果你理解的小火特别小，也可以延长到45分钟，也可以在最后几分钟改用大火收汁。

收汁很重要，肉酱酱汁宜少不宜多，几乎快干的状态比较理想。

肉酱酱汁汤汁不要多

杏鲍菇部分：

1 杏鲍菇洗净切成片。

2 橄榄油烧热，放入杏鲍菇片煎一煎。

3 煎至金黄时熄火。

4 铺在厨房用纸上，让纸把油给吸了。

杏鲍菇部分做法2的补丁

煎字意味着中小火。

煎和炸的区别是煎用的油比较少，食物大概1/3浸在油中，炸是食物全部浸在油里。

千层面部分：

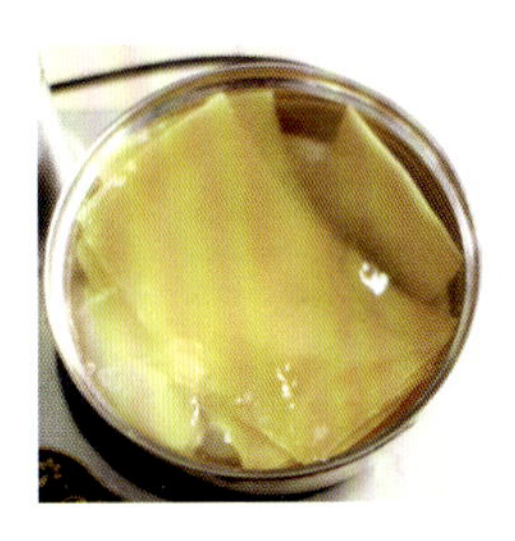

1 水里放盐，烧开后放入面片，中火煮4分钟。

2 取出面片，晾干。

千层面部分做法1的补丁

用大锅更好，水越多越好，这样才能避免面片一下锅就降温的尴尬，当然盐也要增加。

奶油白酱部分：

1 黄油用小火化为液体。

2 加入低筋面粉，快速拌匀。

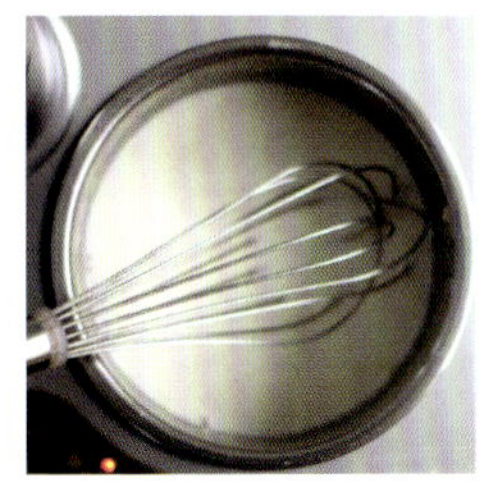

3 加入牛奶，拌匀。

4 煮至黏稠熄火，加盐和黑胡椒粉。

奶油白酱部分做法1的补丁

我是按最优工作流程来写做法的，因为需要花费的时间实在太多，还是应该优化一下流程。

炖酱汁时间最长，所以先炖酱汁；杏鲍菇排油至少用掉15分钟，所以炖酱汁的时候可以处理杏鲍菇；千层面片煮和晾耗费8~10分钟，所以杏鲍菇排油的时候处理千层面；奶油白酱做完了直接可以用，所以最后做。

组装：

1 盘中放一片面片。

2 放肉酱。

3 放杏鲍菇片。

4 放奶油白酱。

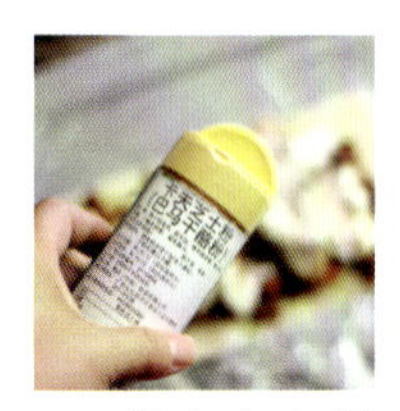

5 撒上卡夫奶酪粉。

6 放刨成丝的马苏里拉奶酪。

7 盖一层面皮，重复做法2~6一次。

做法7的补丁

大家如果喜欢层次丰富，也可以多叠几层。

8 盖上面皮，撒马苏里拉奶酪丝。

9 放入已预热至200℃的烤箱中层，上下火，烤8分钟。

金牛老师和西瓜妹的微信课堂

老师，我折腾了一下午才做出一份千层面。

😭主要是做肉酱太费劲了。

肉酱可以多做些，吃不完的可以冷冻起来，下回要用的时候热一热，拌意面吃也不错。

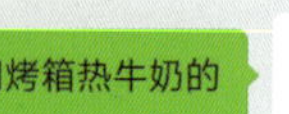
我突然想起老师用烤箱热牛奶的梗。😭😭😭

😳好尬！

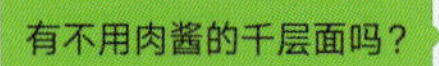
有不用肉酱的千层面吗？

有啊，菠菜白酱千层面。

菠菜要先炒一下吗？

扔沸水里焯一下就行。

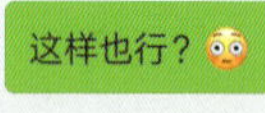
这样也行？😳

行……吧。

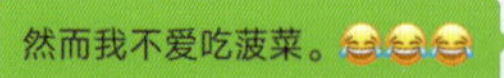
然而我不爱吃菠菜。😂😂😂

那就蘑菇白酱千层面。

先炒一炒？

对。

番茄可以用番茄沙司代替吗？

不可以，番茄沙司太稀了，但可以用超级稠的番茄膏代替。

老师，我发现，马苏里拉奶酪是万能的哎，哪里都有它。

做千层面也可以用别的奶酪啊。

比如佩科里诺奶酪（Pecorino）

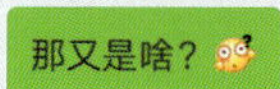
那又是啥？

一种绵羊奶酪。

真正的重口味，重得直入灵魂。😎

哇哦！我喜欢重口味，好想吃哦。😍😍

意大利人用这种奶酪招苍蝇，苍蝇在上面生娃，娃吃奶酪的同时，又刺激奶酪发酵。

佩科里诺奶酪这么有特色，苍蝇功不可没。

太恐怖了！！！

😁奶酪有很多种，这要细掰下去，又能写一本书。

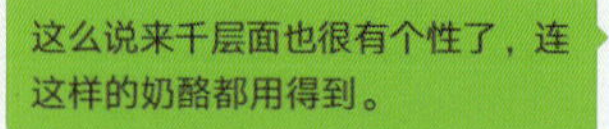
这么说来千层面也很有个性了，连这样的奶酪都用得到。

千层面是加菲猫的最爱之一，没点个性怎么行呢？

鸡肉蘑菇比萨

材 料

饼底：

高筋面粉	105 克
低筋面粉	45 克
酵母	3 克
温水	80 克
橄榄油	10 克
细砂糖	5 克
盐	2 克

馅料：

鸡腿肉	150 克
蘑菇	60 克
橄榄油	15 克
盐	3 克
淀粉	10 克
白葡萄酒	10 克
马苏里拉奶酪	80 克
比萨酱	适量
卡夫奶酪粉	适量
番茄	50 克
罗勒	少许

配方解读

选鸡腿肉是因为我对运动器官有谜之爱恋，用鸡胸肉也可以，肉质更软一些。

做 法

饼底部分：

做法同夏威夷比萨（见 132 页）。

馅料部分：

准备：

❶ 鸡腿肉切成丁；蘑菇洗净，切成片；马苏里拉奶酪刨成丝。

❷ 淀粉、白葡萄酒和2克盐放在一起，搅拌均匀，再把鸡肉丁放进去腌10分钟。

炒制：

❶ 在锅中放橄榄油，中火加热。

❷ 放入鸡肉丁炒至变色后，盛放在碗里备用。

❸ 炒蘑菇，当蘑菇出水后，放入剩余的1克盐，简单炒几下，盛出备用。

先出水再放盐，是因为蘑菇只有出水后，才能腾出空间给咸味。

这里有个顺序问题：加盐可以让蔬菜出水，但我们的目的不是出水，而是入味，所以不要本末倒置，必须是先出水，再加盐。

组装：

❶ 在饼底上刷比萨酱。

❷ 把蘑菇和鸡肉丁铺在饼底上，盛出时残留的油要沥干。

❸ 撒一些卡夫奶酪粉。

❹ 撒上马苏里拉奶酪丝。

❺ 放入已预热至200℃的烤箱中层，上下火，烤8分钟。

鸡肉蘑菇比萨如果完全按配方做，那就是下图的样子，味道不错，颜值偏低。

鉴于“首先征服视觉，然后征服味觉”的大原则，我加了点番茄和罗勒。

在比萨里加番茄要注意两点：

第一，先炒一炒，因为放进比萨的食材都必须是熟的。

第二，炒完之后要注意控水控油，把番茄里的油和水都沥干了再往比萨里扔，一个水汪汪的比萨无论如何都称不上成功。

有些食材最好还是自己种——我不是说番茄，我是说罗勒。

在家种东西的分为种菜派和种花派，什么值得种，什么不值得种，我们金牛座有自己的算法：罗勒、薄荷这样的植物，早市没有，超市少见，万能的某宝上当然有，但是我们每次只用几片叶子，某宝卖家却一大包一大包地发货，注定会造成浪费，所以就自己种，随种随吃，天然保鲜，既点缀阳台，又净化空气，真是居家必备，人类良伴。

接下来请大家欣赏我的种植成果。

请不要嫉妒我的种花天赋，谢谢。

罗勒

薄荷。这个厉害了，我从种子开始种的

至尊海鲜比萨

材 料

饼底：

高筋面粉	105 克
低筋面粉	45 克
酵母	3 克
温水	80 克
橄榄油	10 克
细砂糖	5 克
盐	2 克

馅料：

海鲜或者河鲜（虾、鱿鱼、鲜贝等都行）	100 克
豌豆	30 克
玉米粒	30 克
蘑菇	30 克
彩椒	30 克
盐	4 克
橄榄油	20 克
淀粉	10 克
白葡萄酒	10 克
马苏里拉奶酪	80 克
比萨酱	适量
卡夫奶酪粉	适量

做 法

饼底部分：

做法同前，不用翻书了吧？应该很熟了。

馅料部分：

准备：

❶ 海鲜用厨房用纸擦干了，上面不能有水。

❷ 如果你们选的食材中有虾，用牙签把肠泥挑出来，不过大家要是不介意吃虾的粪便，也可以随它去，反正吃不死人。

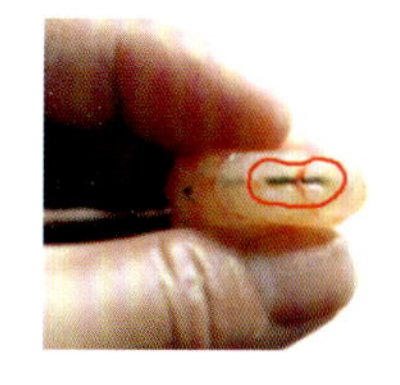

看右图，虾的大便我用红笔标出来了。

❸ 淀粉、白葡萄酒和2克盐放在一起拌匀，放入所有海鲜（或者河鲜）腌10分钟。

❹ 彩椒洗净，横切（或者你们喜欢的形状）；蘑菇洗净，切成片；马苏里拉奶酪刨成丝。

炒制：

❶ 锅中放橄榄油中火加热，放入海鲜炒15秒，盛出。

❷ 先炒蘑菇片，出水后，放2克盐，炒几下后，放入豌豆、玉米粒和彩椒，炒10秒后，盛出。

组装：

❶ 在饼底上刷一层比萨酱。

❷ 把海鲜、彩椒、蘑菇、豌豆、玉米粒等平铺在饼底。

❸ 撒上卡夫奶酪粉；撒上马苏里拉奶酪丝。

❹ 放入已预热至200℃的烤箱中层，上下火，烤8分钟。

茄盒焗饭

材料

长条茄子	1个
隔夜饭	150克
肉酱酱汁	150克
马苏里拉奶酪	60克

做法

❶ 茄子洗净，切成两半，挖空。

❷ 把隔夜饭填进去。

❸ 将肉酱酱汁铺在隔夜饭上。

❹ 马苏里拉奶酪刨成丝，撒在上面。

❺ 放入已预热至200℃的烤箱中层，上下火，烤10分钟。

培根焗饭

材 料

隔夜饭	250 克
培根	60 克
豌豆（熟）	60 克
甜玉米粒（熟）	60 克
牛肉酱（猪肉酱、蘑菇酱也行，主要是让味道更丰富、更浓郁）	30 克
盐	3 克
橄榄油	15 克
马苏里拉奶酪	60 克

做 法

❶ 隔夜饭用勺压散；马苏里拉奶酪刨成丝；培根切成丁。

❷ 用中火把橄榄油烧热，放入豌豆、甜玉米粒炒 8 秒，加 3 克盐，继续中火。

❸ 把培根扔进去炒 8 秒。

❹ 把米饭扔进去，加牛肉酱继续炒，直到每一粒米饭都均匀地粘上酱。

❺ 炒饭装在碗里，马苏里拉奶酪丝铺在表面。

❻ 放进已经预热至 200℃的烤箱中层，上下火，烤 8 分钟左右。

奶酪焗土豆泥

材料

土豆	265 克
豌豆	25 克
玉米粒	25 克
黄油	10 克
盐	3 克
马苏里拉奶酪	50 克

做法

本来泛读课是没有图片说明的，不过我拍都拍了……

❶ 土豆洗净，去皮，切成薄片。

❷ 土豆片放在碗里，用保鲜膜把碗包起来，大火蒸 10 分钟后用筷子戳一下，如果筷子所到之处特别松软，那就是蒸好了，否则关火后不要揭盖，再闷会儿。

❸ 土豆片放料理机里打成土豆泥。

❹ 开小火，将黄油化为液体，转大火炒豌豆、玉米粒 15 秒，加盐。

❺ 把豌豆、玉米粒和土豆泥放在一起，搅拌均匀。

❻ 放入碗中。

❼ 把马苏里拉奶酪切碎后铺在土豆泥上。

❽ 放入已预热至 200℃的烤箱中层，上下火，烤 8 分钟。

把知识拉伸一下

海鲜焗饭

海鲜怎么处理，焗饭怎么做，前面都讲过，大家自己拉伸知识吧。

西瓜妹的学习笔记

比萨＝馕包肉？焗饭要装在哪里？用黄油还是橄榄油

有人说比萨和新疆的馕包肉是一回事，其实差得很远。

饼底就不同。无论美式还是意式，好的比萨饼底一定是外脆内软的，而馕是一种很硬的食物。

对馅料的要求也不同。馕包肉不用刷酱，但得有汁，汁得浓郁、得鲜美；比萨一般要在饼底上刷点比萨酱，但馅料里不能有水，所有材料在弄熟后必须沥干油和水。

当然还有一个很直观的不同，就是比萨用奶酪，而馕不需要，撒点香菜就行了。

总之，比萨对饼底的制作要求更高，而馕在馅料上更花心思。

比萨和馕包肉也有相同的地方。

都是大饼加馅料，这个一看就明白。

馕都要在馕坑里烤制，面皮放在坑壁上或者石板上，比萨呢，很多意大利人至今还在用古老的窑烤方式，同样要把饼底放在石板上。

这是为什么呢？

石板的温度非常高，可以达到450℃，而烤箱最多也就290℃，饼皮要能放在钢板上还好些，放在普通的烤盘上都差点意思，温度对饼皮实在太重要了！

说完比萨，再说说焗饭。

焗饭可以装在碗里，可以装在南瓜里，也可以用茄子装，我延着这思路试了下番茄……完败！水分太多了，肉也太软了，完全不适合当容器。

最后是橄榄油的问题，很多配方写到焗类食物的做法时都用了黄油，那么到底应该用黄油还是橄榄油？

毫无疑问，黄油比橄榄油便宜，但我们除了便宜之外，也得有点追求呀。

对了，老师说这里还涉及一个概念：地中海饮食。美国作家戴夫·德威特在其著作《达·芬奇的秘密厨房：一段意大利烹饪的秘史》中指出地中海饮食的特征：

- 大量食用水果、蔬菜（特别是土豆）、谷物类食品、豆类、坚果和植物子。
- 橄榄油是重要的单不饱和脂肪酸的来源。
- 奶制品、鱼肉和禽肉的食用量应保持在中低水平，尽量少吃红肉。
- 一周吃鸡蛋的频率不高于四次。
- 适量或少量饮酒。

所以，原汁原味的意式比萨，当然应该使用橄榄油。

金牛批注：

一篇非常凌乱的学习笔记，我就没看明白到底是说比萨、焗饭，还是橄榄油。

烘焙知识大盘点，这届焙友行不行

❶ 夏威夷比萨的命名原则是什么？

❷ 意式比萨和美式比萨有哪些区别？

❸ 比萨和新疆的馕包肉有哪些区别？

❹ 比萨饼皮在进烤箱前为什么要用牙签或叉子扎一些眼？

第五天

派和挞

烘焙精读课

啥是派？啥是挞

挞也可写成塔，不过我觉得挞字看上去更有气质。

先来转述下韦恩 · 吉斯伦的经典著作《专业烹饪》（第四版）里的观点，我列表说明：

	外观	模具	馅料	面团	烤制
挞	小，装饰较复杂	垂直于挞底	量少	用料简单	多数挞装上馅料后无须再烤，少数挞先烤挞皮，再连同馅料烤第二次
派	大，几乎无装饰	倾斜于派底	量多	用料丰富	连同馅料一起烤

我在玛格洛娜 · 图桑 · 撒玛写的《甜点的历史》一书中还看到一种说法：“派就是三层厚酥皮做成的圆馅饼：上层的酥皮、中间的填馅以及下方的酥皮。”按这个说法，挞类似于比萨，馅料都曝露在朗朗乾坤之下，我们一眼就能看到这是啥；派如同包子一般深藏功与名，把馅料含在内里，咬一口才知道是咸菜的还是豆沙的。

然而，总有一些挞或派非要和牛人们抬扛：港式蛋挞挞皮的做法分明等同于派皮，葡式蛋挞怎么会垂直于挞底呢？明明自带 60 度斜角，而葡式蛋挞的面团也是做葡萄派的面团，又何来谁简单谁丰富一说？而至于著名的黄桃派，不仅没有倾斜度，馅还暴露在外面。

这么混乱真的好吗？

挞在欧洲是一种很古老的食物，在 13 到 14 世纪的时候已经出现，有一两层酥皮，馅用水果，著名的有塔伊冯苹果挞，今天的难点及重点——千层酥皮于 15 世纪时出现。

法国人称挞为“tarte”（并非美国的化妆品牌 Tarte）或“tartre”（法国朗格多克人称为“croustade”）。他们发现，在挞里放水果很好吃，但是放点蔬菜也不赖，特别是冬天没有水果的情况下，要想继续吃挞就得放蔬菜，于是人类拥有了菠菜挞、甜菜挞、南瓜挞（也有人说南瓜挞是英国人发明的）等美食。

“tarte”“tartre”和“croustade”这样的词汇传到英国，被改为“tart”后依然觉得这词儿太土了，自行称之为“pie”，毕竟做人最重要的是洋气。

所以，挞和派其实是一回事，韦恩 · 吉斯伦虽然是技术大神，《专业烹饪》也是好书，但他“挞是派的一种”的说法，有点勉强，因为能举出一大把例子来反驳他。

我知道你们想说，既然意思差不多，为啥需要两个词？

这样的语言现象好像很普遍吧？比如爸爸，可以是爹，可以是大，可以是老子，可以是爹地，可以是老豆，可以是父亲，都指向同一种身份。

当然啦，对于我等心灵手巧的吃货来说，重要的是完美地做出来，至于挞还是派，怎么顺口怎么叫呗。

葡式蛋挞 美食知识八一卦

欢喜冤家千层酥皮

本来觉得应该写写葡式蛋挞的典故，如果漏洞百出，那我就更开心了，我最喜欢加工烂故事了，别忘了我是个文学少女，但查了查，好像也没什么传说，就是俩外国人把一种葡萄牙小吃改造了下，带到澳门，受到了当地人民的极大欢迎。

配方能流传开倒不是什么奇事，千层酥皮中世纪已经出现，早已是人尽皆知的秘密，也就是挞水的做法略神秘，但也不是很难猜，里面用了哪几种料吃一吃不就知道了？再调整下比例，试验个两百次三百次的，答案也就昭然若揭了。

没劲，连个起承转合都没有，我还是讲讲千层酥皮吧，先给大家打个预防针，这是有难度的，这种古已有之的食物配方当然不止一个，制作失败与否除了看基本功是否扎实，也要看用的是哪个配方，我把它们分为从易到难的三个级别。

小荷才露尖尖角，面油比例2：1。

乱云飞渡仍从容，面油比例4：3。

壮士一去不复还，面油比例1：1。

黄油用得越多，失败的可能就越大，因为面团是用于包住黄油的，如果黄油很多，面团只能擀得很薄才能包得住黄油，那么皮破油漏的可能性非常大，好处是做出来的酥皮特别酥。

我在本书中写的配方是乱云飞渡仍从容，建议新人从小荷才露尖尖角开始，熟练了再看看壮士一去能不能回来。

再次强调下室温的影响：15℃时黄油的硬度刚刚好，不会迅速化开，也不会硬到擀不动，而且对面团也好，面团在低温下不容易产生面筋。

第一次做请避开夏天。

非要在夏天做，请把空调开到最低。

又在夏天做又不住南极又不开空调的，恕我直言，你是在作死。

又在夏天做又不住南极又不开空调的，并且还能不破皮不露油脂的，你是天才，你是神，这本书你可以扔了。

为了降低难度，大家可以把用于叠被子的那130克黄油改为麦淇淋，至于为什么，我就引用下韦恩·吉斯伦在《专业烹饪》(第四版)里的原话，反正我也不可能表述得比他更清晰：

奶油酥皮汤

“大多数加氢的起酥油最适合做派皮，因为它有足够的弹性做出脆皮来，其硬实度可以使面团很容易做成理想中的派，但是不能用乳化起酥油，因其与面粉快速混合从而很难做出松脆的派来。”

我来解释下，麦淇淋属于氢化起酥油，黄油属于乳化起酥油。

是不是有点担心反式脂肪酸呀？

瞧你们矫情的！烤串没少撸吧？可乐没少喝吧？火腿肠没少吃吧？烟没少抽吧？吃垃圾食品的时候怎么不考虑考虑养生？用点麦淇淋就看不开了？再说黄油也不是什么好东西，吃多了会导致前列腺肥大。

本书所写的食物多数都不健康，高糖、高脂、高热量，我写这本书胖了十几斤，可是不趁身体健康的时候吃香的喝辣的，那什么时候吃？难道等得了糖尿病再吃？难道等得了高血压再吃？人生不要时时压抑自己嘛，几十年弹指一挥间，不能到临死前蓦然惊觉：“我还啥都没吃没喝呢，就这么玩完了？”

不用麦淇淋的前提是你能搞得定黄油。

最后再聊聊千辛万苦做出来的千层酥皮还能用来干啥，如果酥皮搞不定，这些美食都和我们没关系。

首先是奶油酥皮汤。

然后是猪肉酥角，我特意咬了一口，让你们感受下酥皮的层次。

还有可颂。

是的，这一切都和千层酥皮有关。

你你你……真的忍心不吃吗？

猪肉酥角

可颂

材 料

千层酥皮：

低筋面粉	190 克
高筋面粉	30 克
黄油	165 克（分为 35 克和 130 克两份）
冰水	100 克

蛋挞水：

淡奶油	180 克
牛奶	140 克
细砂糖	80 克
蛋黄	4 个
低筋面粉	15 克
炼乳	15 克（没有就算了）

配方解读

1. 酥皮的制作之所以需要高筋面粉，是因为其蛋白质含量比较高，而蛋白质能形成麸素，麸素会让面团的弹力增加，最终千层酥皮的每一层都又硬又脆。

2. 盐的作用是让麸素的网状结构更加紧密，增加面团的弹力。

3. 用冰水是为了面团更松弛。挞皮、派皮对松弛都是有要求的，大家最好把所有用具和材料都放到冰箱里冰一冰，连擀面杖都不要放过。

4. 面油比例不同，水的用量也不同，至于水是调多还是调少，这道题留给大家自己去解。

做法

制面团：

1 把低筋面粉和高筋面粉一起过筛。

2 35克黄油切成小粒，约豌豆般大小。

做法2的补丁

首先我解释下为什么要把黄油弄成豌豆大小：黄油颗粒越大，挞皮就越酥，颗粒越小就越软，我们的挞皮是要拿捏酥和软的分寸，既要酥也要软。从豌豆大小开始揉面，相对比较容易把握平衡。

其次是把黄油和面粉搓在一起后再加水，这个顺序安排是因为面粉和水揉在一起容易出面筋，黄油能阻隔面粉和水的结合，所以要先让黄油和面粉结合。

3 把面粉和黄油搓在一起，最终呈粗玉米粉状。

4 分多次倒入冰水，揉成面团。

做法4的补丁

100克冰水只是参考值，大家加一点水就用指尖揉一揉，动作和水都是越少越好，揉得太多或水太多都会让面团出筋。

5 面团用保鲜膜包起，冷藏20分钟。

6 把130克黄油切成片。

7 把黄油放入保鲜袋，排列整齐。

8 把黄油擀成薄厚均匀的薄片。

做法7的补丁

也可以把黄油切成小块后放在油纸内。

再用擀面杖擀成薄片。

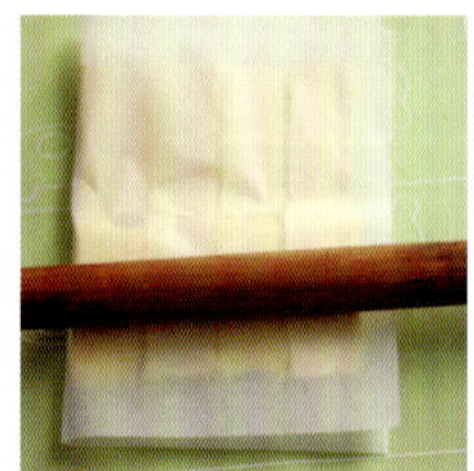

做法8的补丁

黄油如果出现软化，立刻送进冰箱冷藏，直到重新变硬。

叠被子：

1 把之前放在冰箱里的面团擀成长面片。

2 揭下黄油薄片上的保鲜袋。

3 把黄油薄片放在面片中间。

做法 3 的补丁

面片的大小约为黄油薄片的3倍。

硅胶垫上放一些面粉以防粘，不要太多，面粉太多了面皮会硬。

4 用面片把黄油包起来。

5 用擀面杖擀成方形。

做法 5 的补丁

如果有气泡，就用牙签刺破，排出空气，这种情况下不要用擀面杖霸王硬上弓。

做法 4 的补丁

做千层酥皮最大的失败是把面皮擀破，油脂露出来，如下图：这种状态一旦出现就具有不可逆转性，无法弥补，无法修正，最终的酥皮不可能呈现轻薄的千层状。

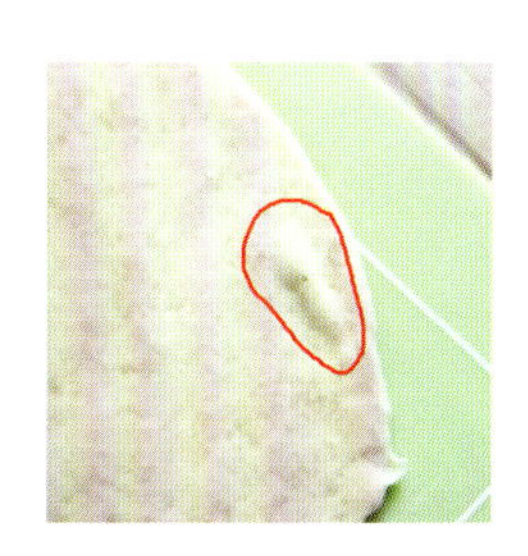

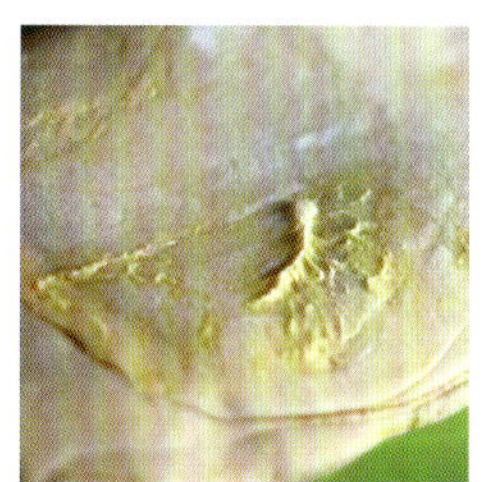

6 将两边的面片往中间对折，大家看图折吧。

7 再对折。

8 再对折。

9 包上保鲜膜，冷藏20分钟左右。

做法6~9的补丁

其实这被子怎么叠都行，我觉得我这个方法效率还可以，因为叠一次有八层，层数和叠的次数越多，最后分层就越丰富。但叠的次数太多，面皮容易干，所以大家也琢磨琢磨，有没有更好的办法能一次就叠出很多层。

10 取出面片，旋转90度，擀成长方形。

做法10的补丁

关于旋转90度：

1.旋转的方向是相对于第一次擀成长方形的方向。

2.南北方向擀擀，再东西方向擀擀，面团不会紧缩，能充分地展开，否则第三次叠被子后，面团就不会有足够的长度了。

第一次

第二次

11 把做法5~10至少重复两次。

12 把面片擀开成厚度约0.3厘米的长方形，千层酥皮就做好了。

从千层酥皮到蛋挞皮：

1 把面片卷起来。

2 切成1厘米宽的小卷。

3 把小卷粘点粉填入模子，静置20分钟。

蛋挞水部分：

1 牛奶和细砂糖一起隔水加热，糖化为液体后熄火。

2 把所有材料放在一起，搅拌均匀。

组合：

1 把蛋挞水加到每个蛋挞中，约八成满。

2 静置20分钟后放入烤箱中层，上下火，200℃，烤15分钟。

金牛老师和西瓜妹的微信课堂

😭😭😭难哭了好吗？

唯有多练啊大妹子。

和千层酥皮相比，挞水只能算零难度。

我突然想起一个问题。

依讲。

有部日本动画片叫《日式面包王》，剧中的面包少年东和马拥有一双温暖的太阳之手。

鉴于做千层酥皮一切都要冷藏，请问东和马做酥皮会不会很吃亏？

对的。小马哥必须把手放到冰水里泡一泡，擦干后再干活。

什么时候手又暖了，什么时候再放在冰水里去泡。

血液流通顺畅的人也不一定能叠好被子呀。

有其他方法，但也不简单。

法式叠法和英式叠法其实差不多，叠的手法上略有不同。

而苏格兰式差异比较大。

黄油切小块，面皮像个皮包一样，把黄油包在里面，然后用擀面杖擀。

这样漏油的可能性会低一些吗？

我没觉得。

那酥皮最终的味道会有差别吗？

苏格兰式稍硬一些。

那算了，不试了。

柠檬挞

材 料

挞皮：

低筋面粉	100 克
黄油	50 克
冰牛奶	20 克
盐	2 克

挞馅：

牛奶	150 克
黄油	50 克
鸡蛋黄	1 个
细砂糖	45 克
玉米淀粉	10 克
新鲜柠檬汁	20 克
柠檬皮屑	2 克

做 法

挞皮部分：

1 低筋面粉过筛。

2 黄油切成小粒，如豌豆般大小。

3 把面粉和黄油搓在一起，直到成为无颗粒的面团。

4 加入冰牛奶和盐，揉成面团。

5 用保鲜膜包起来，冷藏半小时。

6 用擀面杖隔着保鲜膜把面团擀成 0.3 厘米厚的面片。

7 把面片填入挞模，再翻过来压一下，切除多余面片。

8 用叉子或牙签刺一些孔。

9 静置20分钟。

做法9的补丁

1. 静置20分钟是必须的，否则挞皮进烤箱后立刻回缩。
2. 烤的时候在挞皮上加个重物，压着烤，以防变形。我搁的是元宝，大家看看家里有什么能压秤又烤不坏的东西吧，黄豆、大米……啥都行。

10 放入已预热至200℃的烤箱中层，上下火，烤8分钟。

挞水部分：

1 柠檬皮洗净，切碎，不要白色部分。

2 牛奶和黄油用小火直接煮沸。

3 鸡蛋黄、细砂糖、新鲜柠檬汁、玉米淀粉放进牛奶中。

4 继续小火加热，不断搅拌。

5 加热至黏稠状态后熄火。

6 用打蛋器打发至有纹路。

组装：

1 把挞水均匀地分配给每份挞皮，约八成满。

2 放入已预热至160℃的烤箱中层，上下火，烤25分钟左右。

金牛老师和西瓜妹的微信课堂

感觉世界又回到轨道上了。

简单多了吧？

嗯嗯。材料和工具还需要冷藏吗？

要的呀。

今天的所有配方都要求低温。

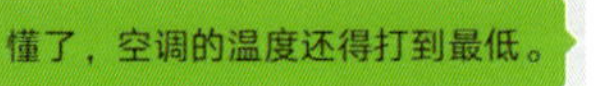

懂了，空调的温度还得打到最低。

我的柠檬挞是做出来了，但是挞皮为什么这么软？

挞水放早了吧？

应该等烤熟的挞皮凉下来后再放。

挞水里有大量水分，在挞皮热的时候放挞水，挞皮立刻软掉。

好的柠檬挞最重要的标准是什么？

酸甜平衡。

如果我想做一个六寸的派，比如黄桃派，我依然可以用这个配方吗？

可以，把面团擀成大面片再塞进六寸的模子整形。

黄桃用罐头黄桃，送进烤箱前在黄桃上筛一层糖粉。

得令。

苹果派

配方

材 料

千层酥皮（做法见 155 页葡式蛋挞）：

千层酥皮面片 1 大张（这个我就不限定大小了，如果和我写的苹果馅的分量相匹配，那么就准备 5.5 寸手机大小的面皮 6 张，厚度约为 0.3 厘米）

全蛋液	适量

苹果馅：

苹果	150 克
玉米淀粉	5 克
砂糖（粗细都行）	20 克
柠檬汁	5 克
黄油	5 克
肉桂粉	2 克

做 法

苹果馅部分：

1 苹果去皮去核，切成小块。

2 所有材料放一个锅里，加 150 克水搅匀（淀粉先在凉水中拌匀）。

3 大火烧开后转小火熬 15 分钟，不断搅拌。

组装：

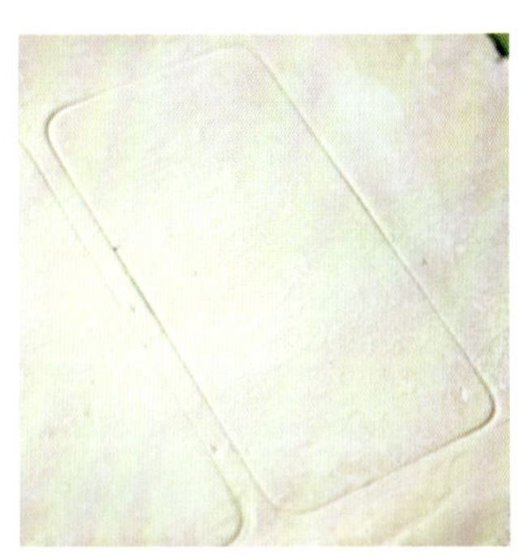

1 先划大小，再切割千层酥皮面片。

做法 1 的补丁

我是用手机比划的。

我拿手机在面皮上压了一下，根据压痕裁出形状。

2 用牙签在上面刺些孔。

3 在每片面皮的中间放入苹果馅，留出边缘。

4 在面皮的边缘刷上一层全蛋液。

5 盖上一层面皮，边缘处需轻轻按压。

6 用刀在面皮上斜划几道口子，力透面皮。

7 在面皮上刷全蛋液。

做法 7 的补丁

在面皮上划口子、刺孔都是为了排走水蒸气。

8 在常温下静置 15 分钟后，放入已预热至 180℃ 的烤箱中层，上下火，烤 15 分钟左右。

金牛老师和西瓜妹的微信课堂

老师！

关于派我要说的已经说完了。

然而我要问的不是派，而是我失恋了心情不好，可以请假不？

可以啊。

反正书中的时间都是虚拟的，你想请几天假我就写成几天。

如果我想休息一百年呢？

那我就换个妹子呗，比如冬瓜妹、南瓜妹，反正也没有磨合成本。

心情不好的时候可以做甜点吗？

这就要看从哪个角度来理解了。

比如说，如果想把甜点做好，那心情不好的时候就不要折腾这事。

为什么？

因为负面情绪会传到食物中。

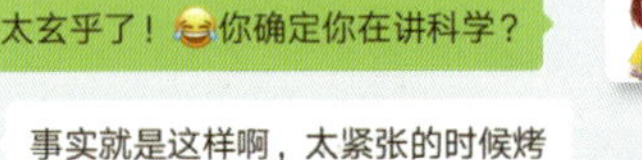
太玄乎了！你确定你在讲科学？

事实就是这样啊，太紧张的时候烤蛋糕，蛋糕的口感会偏硬。

那做法棍不就完了？

法棍会跟石头一样，把牙崩了。

食物和人的心灵是相通的。

如果想让心情变好，那就可以做甜点。

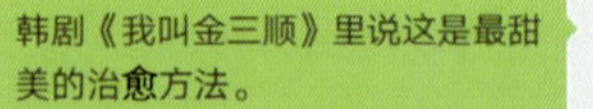
韩剧《我叫金三顺》里说这是最甜美的治愈方法。

每个人都要面对两个世界：外部世界和内心世界。

评判一个人是否成功有两个标准：外部世界是否富足和内心世界是否充实。

如果一个人的两个世界都很丰富，那就不枉此生。任何一个世界的匮乏都是很大的遗憾。

再回到你的问题上，当内心受到伤害的时候，如果沉浸在内心世界遭受的痛苦中，反复咀嚼痛苦，很不利于康复。

所以要做点好吃的？

所以要把目光投向外部世界，读书、学习、新知、社交、工作、旅行、烘焙……都可以把我们从痛苦的内心世界里拉出来。

一旦认知到世界很大，值得我们去关注、去探索的美好事物很多，格局一下子放大了，痛苦也就不会太严重。

而做这些事需要花费时间，时间是疗伤圣手，会淡化痛苦。

对的。

你还请假不？

你的假期还需要一百年不？

我还是继续做烘焙达人吧。

这就对啦。世界上好玩的事情太多，爱情只是其中之一。

葡萄派

材料

千层酥皮：

0.3 厘米（厚）×8 厘米（宽）×15 厘米（长）的千层酥皮面片 6 张

全蛋液	适量

葡萄干馅：

葡萄干	150 克
砂糖（粗细都行）	40 克
盐	1 克
玉米淀粉	5 克
柠檬汁	5 克
黄油	8 克

做法

葡萄干馅部分：

❶ 除黄油和柠檬汁外的所有材料放一个锅里，加 150 克水搅拌均匀，大火烧开后转小火，不断搅拌，和前面苹果派一样。

❷ 葡萄干变黏稠后熄火。

❸ 加入柠檬汁和黄油，搅拌至黄油化开。

组装（和苹果派的做法一样，见 164 页）：

❶ 把 3 张千层酥皮面片平铺在案板上。

❷ 用牙签在上面刺些孔。

❸ 在每片面皮的中间放入 1/3 的葡萄干馅，留出边缘。

❹ 在面皮边缘刷一层全蛋液，盖上一块面皮。

❺ 用刀在面皮上斜划几道口子，力透面皮。

❻ 轻轻压一压，把两层面皮粘起来。

❼ 在面皮上刷全蛋液。

❽ 在常温下静置 20 分钟。放入已预热至 200℃的烤箱中层，上下火，烤 15 分钟左右。

核桃派

材 料

派皮：

低筋面粉	145 克
可可粉	5 克
黄油	60 克
细砂糖	15 克

核桃馅：

核桃仁	180 克
红糖	120 克
黄油	30 克
全蛋液	25 克

做 法

派皮部分：

❶ 低筋面粉和可可粉过筛。

❷ 将黄油切成豌豆大小的小粒。

❸ 把面粉、可可粉和黄油搓在一起，呈现为玉米粉的状态。

❹ 倒入 45 克水和细砂糖，揉成光滑的面团。

❺ 用保鲜膜把面团包起来，冷藏半小时。

❻ 隔着保鲜膜擀面团，将面团擀成厚约 0.3 厘米的面片，填入派模。

❼ 用擀面杖从面片上辗轧过去，切割掉多余面片。

❽ 在面片上用叉子或牙签刺些小孔。

❾ 常温下静置 20 分钟。在面片上放一些重物。

❿ 放入已预热到 180℃的烤箱下层，上下火，烤 15 分钟。

核桃馅部分：

❶ 核桃仁切碎，放一边备用。

❷ 把红糖、黄油和 15 克水放入锅中，用小火加热，不断搅拌，糖化为液体后熄火。

❸ 等红糖混合物凉至不烫手，加入全蛋液，搅拌均匀。

❹ 加入核桃碎，搅拌均匀制成核桃馅。

组装：

❶ 将核桃馅倒入烤好的派皮。

❷ 放入已预热至 170℃的烤箱下层，上下火，烤 25 分钟。

南瓜挞

材料

派皮：

低筋面粉	145 克
可可粉	5 克
黄油	60 克
细砂糖	15 克

南瓜馅：

南瓜肉	250 克
黄油	20 克
牛奶	20 克
全蛋液	25 克
玉米淀粉	5 克
细砂糖	30 克
红糖	20 克

做法

派皮部分：

做法与核桃派一样，大家想看过程图可以去柠檬挞（见 160 页）的配方找找，都是一回事。

南瓜馅部分：

❶ 把 250 克纯粹的、不含皮也不含子的南瓜肉切成小块，放在碗里。

❷ 包上保鲜膜，大火蒸 8 分钟左右，直到南瓜肉变软。

（还记得什么是蒸吧？做南瓜焗饭（见 136 页）的时候我们蒸过。）

❸ 在热乎乎的南瓜肉里放黄油，搅拌至黄油完全化为液体。

❹ 把南瓜肉和红糖、细砂糖、牛奶一起放入料理机，打成糊状。

❺ 最后加入全蛋液和玉米淀粉，搅拌均匀。

组装：

❶ 将南瓜馅倒入烤好的派皮中。

❷ 放入已预热至 170℃的烤箱下层，上下火，烤 20 分钟。

流心芝士挞

材 料

挞皮：

低筋面粉	100克
黄油	50克
牛奶	20克
盐	2克

挞水：

奶油奶酪（奶油芝士）	130克
淡奶油	50克
牛奶	40克
细砂糖	40克
盐	1克
玉米淀粉	3克
蛋黄液	1个

做 法

挞皮部分：和柠檬挞（见160页）完全一样。

挞水部分：

❶ 把奶油奶酪切成小块，在室温下静置半小时左右，直到奶油奶酪变软。

❷ 把细砂糖和盐加入奶油奶酪中，用打蛋器打至顺滑。

❸ 分几次将淡奶油和牛奶加到奶油奶酪中，每加入一次都用打蛋器打至完全融合。

❹ 加入玉米淀粉，搅拌均匀。

组装：

❶ 把挞水倒入挞皮内，冷冻1小时以上。

❷ 在每个芝士挞的表面都刷一层蛋黄液。

❸ 放入已预热至180℃的烤箱中层，上下火，烤6分钟，注意把握时间，不要烤太久，烤太久奶酪糊会溢出来，最里面的奶酪糊则凝固成半固体状态，很难流动。

最后来点温馨提示：想看流心效果的同学请趁热吃，凉下来以后就凝固了，重新加热也不会是流动的状态。

把知识拉伸一下

猪肉酥角

1 用模子在千层酥皮上压出形状，我是用一个心形派模压的，你们自便。

2 馅用的是肉酱酱汁，就是我们做千层面时熬的。

3 边缘要刷水或全蛋液，否则上下两片粘不起来。

4 盖上。

5 在表面刷上全蛋液。

6 最后随便烤烤吧。

西瓜妹的学习笔记

凉凉

今天的背景音乐是《凉凉》，老师让我注意其中几句："入夜渐微凉""天天桃花凉""凉凉夜色""凉凉天意""灼灼桃花凉""凉凉三生三世""凉凉十里""凉透那花的纯"。

我问这是什么意思，老师说是要提醒自己：做派做挞，凉是主旋律，连爪子都不要放过。

其实我失恋了，别说手了，心都哇凉哇凉的。

本日结案陈词如下：

一切为了松弛，那么如何松弛？

1. 我们人先要放松，食物直通心灵，紧张、沮丧的情绪会传递给面团，面团怎么能承载这么多的负能量呢？

2. 凉凉，除了烤箱之外所涉及的所有东西，不管是吃的还是用的，都要凉凉，天天面粉凉，灼灼黄油凉，凉凉擀面杖，凉透那面团的纯……

3. 水分要少，动作要轻，能少加水就少加些，能温柔就温柔些，否则面团就会出筋，一出筋就不松弛，烤出来的派皮或挞皮会很硬。

4. 所有的挞皮、派皮在送进烤箱前，都要静置至少 20 分钟，以达到松弛的目的。

金牛批注：

最重要的是气温要低！环境凉才是真的凉！

烘焙知识大盘点，这届焙友行不行

❶ 做千层酥皮有哪些秘诀？

❷ 第二次擀千层酥皮的面团为什么要旋转 90 度？

❸ 把派皮送进烤箱前，为什么要在派皮上扎一些孔？

第六天

中式甜点

烘焙精读课

课前热身

猪油熬起来

中式的甜点和甜品有很多，但是用到烤箱的并不多。我简单列举几款中式点心的制作，都来自广东地区。

不管怎么样，本书写到的这几道中式美食拿去哄哄老人家肯定够用了，对于树立贤良淑德的形象绝对有帮助。

做中式点心不可避免地要用到猪油，有些同学啊，一听到猪油就心里不舒服，总觉得不优雅、不高级，其实在中式点心的制作中，猪油的起酥性比黄油强多了。

当然我也理解那些看见猪油就皱眉头的，我看到自己肚子上的肥膘都觉得恶心，何况人家看到的还是从猪身上刮下来的。

下面讲讲猪油的熬法，家里的大人怎么熬我怎么写吧。

熬猪油用的是猪板油，这个别弄错了，用普通肥肉熬猪油，效率很低，千万不要买一大块猪腿肉，瘦的部分炒菜吃，肥的部分熬猪油，想得挺美，但这样根本熬不出多少油来。

作为一枚有呼吸道缺陷的金牛，最后提醒大家两小点：

第一，熬猪油时产生的油烟污染非常严重，普通的油烟机顶不住，所以如果你们呼吸系统不太好的话，我觉得还是少折腾这事，尽量一次熬很多或者在烘焙店买现成的，毕竟保命要紧。当然如果你们家里用的是昂贵的无烟灶，那猪油也可以随便熬。

第二，不要随意抛弃油渣，油渣青菜、油渣豆腐都简单易做又很好吃，我这样的养狗达人通常直接扔给三个狗儿子，它们吃油渣的样子能勾起我的童年回忆，我小时候吃猪油拌饭也是这么开心的。

熬猪油

❶ 开小火，把锅烧热，板油切小块，用水涮一涮，扔锅里。

❷ 继续用小火慢慢熬。

❸ 把油榨干后熄火，这时锅里只剩油渣。

❹ 把油渣撇去。

❺ 猪油冷藏之后呈白色的固体状。

老婆饼 美食知识八一卦

美食传说靠谱吗

一听这名字就是一款有故事的甜点，但是本文学少女今天不打算做演绎法，我要做最擅长的归纳法。

美食的传说就相当于它的品牌故事，本来应该很燃或者很动人的，就像我们看泰国广告一样，不是笑得喘不过气来，就是被感动得眼泪汪汪的，可是中国美食的传说，通常都很无趣，大概分为这么几类：

第一类，和帝王将相有关。

中签率最高的是乾隆，谁让皇阿玛经常出宫旅游呢？

传说中皇阿玛的形象总是很狼狈，“又饿又渴”的时候船家给他盛了碗鲫鱼汤、去吴山“半山腰逢大雨，淋成落汤鸡”的时候被人施舍了一碗鱼头豆腐，“不小心弄得破衣烂衫流落街头”时叫花子怜他穷苦，和他分享了一只叫花鸡……

我很想知道人们出于什么心理才能编出这样的故事来？难道在大家眼里，整个大清王朝最有钱也最能花的皇帝日子就过成这样？

当然我更可怜我自己，当初给一家公司写八大菜系时，天天看这些资料，我居然还信了，后来才越想越不对，怎么每次都是乾隆？怎么每次都那么寒碜？我真傻，真的。

老婆饼的传说也可归于这一类，据说朱元璋的马皇后发明了雏形，分发给将士，随身可以携带，也不容易腐坏。

你们愿意相信就信吧，反正我不信。

第二类，和名流有关。

比如和苏东坡有关的东坡肉、东坡饼、东坡豆腐，和秦桧岳飞有关的杂烩菜（炸桧菜），和胡适有关的胡适一品锅，这些名流名传千古，永远都有名，但也有些名流当时混得人五人六的，后来就湮没了，比如佛跳墙在福州话里发音是“福寿全”，最初是为取悦清朝福建布政使周莲而制，周莲是个很能干的官员，不过我们好像不太熟。

本来吧，我觉得美食就是美食，好吃才是硬道理，和名流搭在一起也不见得增加其魅力，后来在俄罗斯的伊尔库茨克市的中央市场买手信时遇到几个台湾游客，我听到其中一个对另一个说：“这种点心呀，是宋美龄最喜欢吃的。”另一个认真地说：“那我们买两盒吧。”

这……

好吧，也有可能因为宋美龄不是我爱豆，我完全不能理解她们的情怀，如果是我爱豆那也可能她吃什么我就吃什么，海明威爱喝咖啡我也爱喝咖啡，大仲马爱吃比萨我也爱吃比萨，泰戈尔吃素……这个容我再考虑考虑。

第三类，宣扬人类美好的感情。

比如夫妻肺片铭记的是郭朝华、张田政两夫妻相濡以沫的感情，艇仔粥说的是鲤鱼报恩的故事，西湖醋鱼的故事比较惨，叔嫂关系之所以成立在于弟弟有哥哥，嫂嫂有老公，但这种关系的核心人物被害死了，嫂嫂悲痛欲绝，弟弟发誓报仇，两人失散前吃了这道菜，最后相认又是凭这道菜，人生百味，一言难尽。

第四类，一不小心系列。

钓鱼翁的媳妇一不小心把鱼放入正在煮酸菜汤的锅里，谁知非常好吃，于是人类拥有了酸菜鱼。

清代有个农民带着羊渡船过河，羊一不小心掉进河里，河里的鱼就像鲨鱼一样扑过来吃肉，渔夫立刻撒网打鱼，回家把鱼做熟了，鱼肚子里有羊肉，鱼羊相得益彰，汤鲜肉香，这就是徽菜代表作鱼咬羊的来历。

有个渔民炖豆腐时，没看住泥鳅，一不小心有条小泥鳅钻进豆腐里，这是泥鳅钻豆腐的出身。

他们随随便便一不小心一下就整出名菜来了，我天天都一不小心，不是把碗摔了就是筷子掉到某个角落再也找不着了。

我还能说什么?

配方

材 料

馅料：		水油皮面团：		油酥面团：		表面装饰：	
糯米粉	70 克	中筋面粉	100 克	中筋面粉	100 克	蛋黄液	1 个
细砂糖	70 克	猪油	15 克	猪油	50 克	白芝麻	适量
猪油	35 克	全蛋液	15 克				
炒熟的白芝麻	30 克						

配方解读

水油皮中的面粉：水：猪油=10：4：1.5。油酥中的面粉：猪油=2：1。

大家做任何中式点心，只要用到水油皮和油酥，这个比例永远都对。

如果不对，那就是气候条件不对，北方的冬天又冷又干，南方的夏天又热又潮，这时大家可以略调一下比重，以面团光滑不粘手、不粘案板为标准。

那 15 克全蛋液是增加风味的，没有就算了。

做 法

馅料部分：

1 把细砂糖、110 克水、猪油放入锅中，大火烧开。

2 转小火后加入糯米粉。

3 快速搅拌，形成黏稠的馅状。

4 熄火后加入熟白芝麻，搅拌均匀。

5 把馅料放入冰箱冷藏 1 小时以上，直到不粘手。

水油皮部分：

1 把所有材料放在一起，加 40 克水揉成一个面团。

2 均匀地分为 16 份，静置半小时左右以达到松弛的目的。

油酥部分：

1 把所有材料放在一起，揉成一个面团。

2 面团均分 16 份，静置约半小时以达到松弛的目的。

面皮组装：

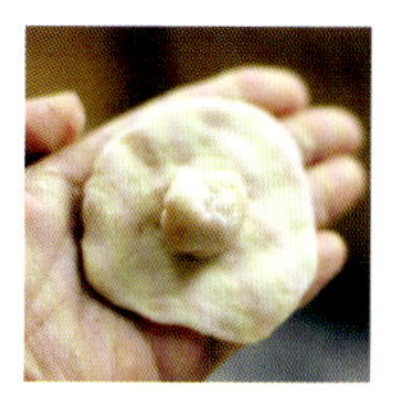

1 把水油皮擀平，把油酥放在水油皮中间。

2 包起来，收口朝下。

3 用擀面杖擀成椭圆形的片。

4 卷起来。

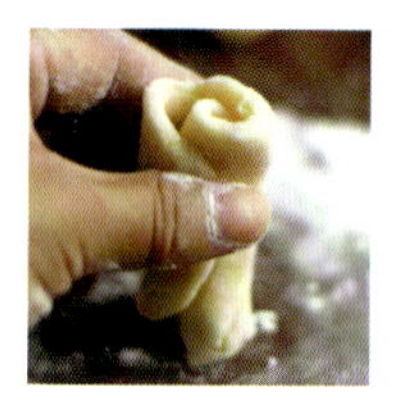

5 再直立起来。

6 用手压下去。

7 擀成椭圆形面片。

8 再卷起来，立起来。

9 再次用手压下去。

10 擀成圆形面片，口朝下制成饼皮。

做法 4~10 的补丁

为什么要立起来又压下去呢？

因为这样可以把空气压进去。大家吃过鸡蛋灌饼吧？也是把面团擀平了，卷一卷，立起来，压下去，就是因为饼皮里有空气，层与层之间有间隙，蛋液能灌到饼里去。

这是老婆饼的皮（见右图），看见分层了吧？

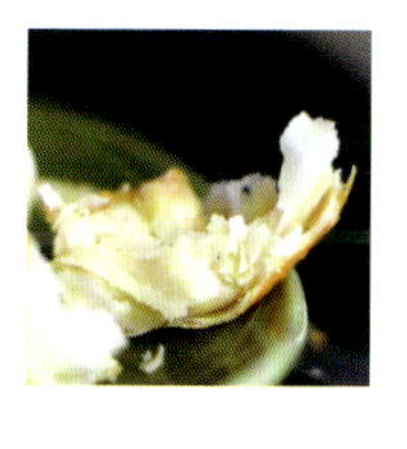

为什么要卷两次、压两次呢？

因为这样分层会多一些。

如果大家希望多分几层，那么立起来再压下去的动作可以多重复几次，但重复太多次面团又会变干，大家注意把握分寸。我记得在北京的桂公府吃过一道豆沙酥，分层非常非常多，处理得很有水平，你们有机会可以去感受一下。

最后给大家提个醒：案板上需要放些面粉防粘，但不要太多了，否则会很干，包馅的时候就会破。

包馅：

1 糯米馅放在饼皮中间。

2 包起来，收口朝下，轻轻拍扁。

3 在表面刷上蛋黄液。

4 用刀在表面割三道口子，要力透表面。

5 撒上白芝麻。

6 静置20分钟以后放入烤箱中层，上下火，200℃，烤10分钟。

金牛老师和西瓜妹的微信课堂

老师，在面皮上划下道子也是为了透气吗？

对着呢。

烘焙时，老婆饼的内部会产生很多热气，不划下道子馅料就会自己找出口往外涌。

然后饼会变形，做葡萄派的时候我们也划过道子，道理都一样。

好像想起来了，那世上有没有老公饼？😏

有的啊。

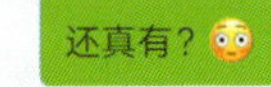
还真有？😳

连传说都和老婆饼相同。😆

马皇后？

对，也不知为啥不叫皇帝饼和皇后饼。

老公饼啥味道？

馅是咸的，里面有肉。

肥肉。

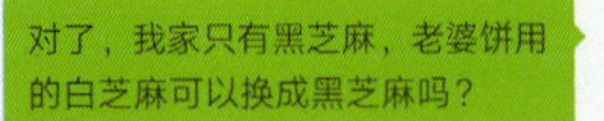
对了，我家只有黑芝麻，老婆饼用的白芝麻可以换成黑芝麻吗？

这样不好吧，老公饼才用黑芝麻。

老婆饼的馅料只有糯米这一种吗？其他馅料就属于老公饼？

不存在不存在。

馅料也可以是冬瓜糖，也可以是红豆沙。

这又是咋回事哩？为啥有这么多种馅？

糯米馅是大老婆饼？冬瓜糖和红豆沙是小老婆饼？

此题无解。

凤梨酥

材 料

凤梨馅：

冬瓜肉	700 克
菠萝肉（凤梨肉）	350 克
细砂糖	50 克
麦芽糖	50 克

酥皮：

低筋面粉	100 克
奶粉	30 克
黄油	70 克
鸡蛋	20 克
糖粉	20 克

配方解读

1. 凤梨酥中，馅和酥皮的比重应该是 3：2（真正的良心作品薄皮大馅啊），大家有没有用计算器算一下我写的重量呢？有没有发现我给的配方中馅比皮重多了？这是因为我计量了馅料在一系列处理之后的实际重量，结论是：馅料在切煮挤炖熬后，只剩下初始重量的 30% 左右。

这道算术题看着有点晕对不对？那就直接按我写的分量做，你们只要明白我好爱好爱你们，不会坑你们就行了。

2. 关于奶粉。有一种叫烘焙奶粉的东西，要不要买呢？

最好还是买一包，普通奶粉在高温下会损失蛋白质，但烘焙奶粉不会，反正人类不会无缘无故制造一种食材。

做 法

凤梨馅部分：

1 冬瓜肉切成小块。

2 水烧开后放入冬瓜块，煮至透明。

3 熟冬瓜滤去水，晾半小时到水分蒸发。

4 菠萝肉切成丁。

5 挤出菠萝汁，待用。

6 把菠萝剁成蓉。

做法 6 的补丁

剁成蓉，而不是用料理机打烂，那样会伤害膳食纤维的。

7 把菠萝汁、细砂糖、麦芽糖一起煮，大火烧开，小火慢熬，不断搅拌。

8 糖化开后加入冬瓜蓉和菠萝蓉，小火慢熬。

9 熬到水干后熄火。

酥皮部分：

1 黄油放室温下软化，加入糖粉，打发成羽毛状。

2 分三次加入鸡蛋，打发均匀，注意不要水油分离。

3 把低筋面粉和奶粉筛入打发成羽毛状的黄油中。

4 拌匀后冷藏半小时。

组装：

1 把面团压扁，馅料放中间。

2 包起来。

3 把面团放进模子里，轻轻拍打。

4 连同模子一起放入已预热至175℃的烤箱中层，上下火，烤10分钟左右。

做法 3 的补丁

3.6 厘米 × 4.8 厘米 × 1.7 厘米的长方形模子用 21 克凤梨馅和 14 克酥皮。

4 厘米 × 6 厘米 × 2.3 厘米的椭圆形模子用 30 克凤梨馅和 20 克酥皮。

金牛老师和西瓜妹的微信课堂

老师老师，凤梨酥的模子可以用饼干模代替吗？

这样我就不用买新的了。

如果你的饼干模形状比较简单就可以。

来来来，对比一下饼干模和凤梨酥模。

饼干模

凤梨酥模

你试试就知道了，把一团软糯还带馅的东西塞进有棱有角、又方又圆的模具里是啥感觉。

总有个地方会破裂。

从此洞悉露馅的本来意义？

凤梨酥怎么脱模？

冷却之后再脱，不要着急。

脱模后密封保存，早上做的晚上吃，晚上做的早上吃。

这是要馋死自己的节奏。

凤梨馅的滋味向酥皮渗透是需要时间的。

凤梨馅可以换成别的料吗？

比如豆沙？

那就得改叫豆沙酥了。

不过可以在凤梨里加颗蛋黄，简称凤黄酥。

又甜又咸不会崩溃吗？

还记得我们曾经说过的对立统一吗？

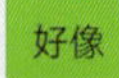
好像

或许

大概

还记得。

烘焙泛读课

苏式月饼（榨菜鲜肉月饼）

苏式月饼有人说起源于扬州，原来叫“酥式月饼”，传着传着就成了“苏式月饼”，也有人一口咬定这就是土生土长的苏州美食。

我倾向于后者，苏式月饼就是苏州本帮菜里的一款，网上盛传榨菜鲜肉月饼是黑暗料理，我跟你们讲啊，这是赤裸裸的污蔑！他们吃惯了甜月饼，就以为咸月饼是奇葩，我可以肯定，他们中的多数人根本没吃过苏式月饼。

有那么一些美食，小时候觉得很好吃，长大了再吃还是觉得很好吃，苏式月饼就是这样一种人间尤物，经得起时间考验，经得起岁月沧桑，一口倾人城，再来一口倾人国，纵然肥头大耳，也要吃个不休，唯有死亡能终止我的爱！

材 料

水油皮面团：		油酥面团：		肉馅：			
中筋面粉	100 克	普通面粉	100 克	猪肉馅	250 克	香油	3 克
猪油	15 克	猪油	50 克	鸡蛋液	20 克	盐	6 克
全蛋液	15 克			白砂糖	3 克	生抽	5 克
				榨菜	20 克	黄酒	5 克
						姜粉	1 克

配方解读

1. 猪肉肥瘦比例：瘦七肥三最完美，别看不上大肥肉，好着哩。
2. 猪肉馅最好自己动手把大块的猪肉剁成肉馅（记得先把肉拍松了再下刀），尽量不要买现成的。
3. 猪肉要搅打出筋（也就是黏性），必须加鸡蛋，没有鸡蛋最后打完的肉馅会比较松散，而且口感偏硬。
4. 江浙一带去腥喜欢用黄酒，北方人喜欢用白酒，做苏式月饼当然应该用黄酒去除猪肉的腥味，不是因为这是江浙点心，而是因为对于腥味较轻的荤食比如猪肉，用黄酒比较合适，而腥味较重的如羊肉、鱼肉，最好还是用白酒。
5. 江湖传说我们江浙人民喜欢吃甜，所以连肉都是甜的，那么配方里的糖是为了让肉甜丝丝吗？不存在的，这是因为要用到酱油，糖起到去涩的作用。

做 法

面皮部分和老婆饼（见 178 页）基本一样，不过苏式月饼比老婆饼大一些，所以同样的面团老婆饼分 16 份，苏式月饼分 9 份。

肉馅部分：

❶ 把肉馅部分的所有材料放在一个碗里。
❷ 用筷子不断搅拌肉馅，要往一个方向搅，直到肉馅出现黏性。

包馅：

❶ 把肉馅放在面皮中间。
❷ 包起来，收口朝下，轻轻拍扁。
❸ 静置 20 分钟以后放入烤箱中层，上下火，200℃，烤 12 分钟。
想看图的同学请对照老婆饼做法，但苏式月饼不必在表面刷蛋液。

桃酥

材 料

低筋面粉	130 克
糖粉	70 克
泡打粉	3 克
猪油	75 克
鸡蛋液	30 克
核桃仁	30 克

做 法

❶ 把核桃仁切碎，备用。

❷ 把低筋面粉、泡打粉、糖粉筛入猪油碗中，用手捏成面团，不能有颗粒。

❸ 加入鸡蛋液，用手抓匀。

❹ 加入核桃碎，抓匀。

❺ 把整个面团用保鲜膜包起来，放入冰箱冷藏 30 分钟。

❻ 分成 12 个小球。

❼ 用手掌压平。

❽ 放入已预热至 170℃的烤箱中层，上下火，烤 10 分钟左右。

广式月饼

广式月饼不难做，但是很无聊，过程很长，注意点很密集，产量很低，重复性劳动很多，如果每种甜点都像广式月饼这么无趣的话，我早就不玩烘焙了。

几点说明吧。

1. 转化糖浆的做法和附录里讲到的焦糖糖浆（见 219 页）基本一样，只是多加了柠檬汁而已，当然比焦糖糖浆更费时间——焦糖糖浆熬好了马上可以用，转化糖浆得搁一周左右再用。想省事的话，也可以从烘焙店买现成的，我推荐金狮糖浆，当年学咖啡时用到的第一种甜味剂就是它，有的客人会嫌拿铁甜度不够，这时在杯底放一些金狮糖浆就能解决问题，所以老有感情了。

熬转化糖浆这么麻烦，那可不可以直接用细砂糖或糖粉呢?

当然是不可以啦，麻烦总有麻烦的道理。

砂糖是固态糖，转化糖浆是液态糖，液态糖有较好的锁水性和黏稠度，能让月饼的口感呈现润泽的状态。

2. 枧水是碱和水以 1 ：3 的比例调制成的，依然可以买现成的。

加枧水是为中和转化糖浆的酸性，据说枧水的碱性与转化糖浆的酸性发生作用时会释放二氧化碳，使饼皮松软合适，不易变形，我听别人这么说的，没做过对比实验。

3. 莲蓉馅、豆沙馅都可自己做，但做馅的过程非常枯燥，泡软、炖熟、用料理机打烂、炒干，除非有超大功率的厨师机，否则光打烂这一步花掉的时间都能把《泰坦尼克号》看两遍，那么最终我做的馅派了多大用场呢? 只够做 10 个重量 100 克的小月饼。

将来如果还做广式月饼，我会尽量买现成的食材，只负责组装。

4. 最好用花生油，但有人用其他植物油试过，味道也还可以，所以大家如果平时用的就是花生油，那就接着用，如果为了做月饼特意去买瓶花生油，这就没必要了。至于为什么我没有亲自测评花生油和其他植物油的区别，前面已经说过，我讨厌做广式月饼，要不是觉得这是一种喜闻乐见的中式甜点，不写进书里说不过去，我都懒得弄，绝不可能在这件事上花太多时间和精力！

5. 馅和皮的最佳比例是 8 ： 2，然而这是高难度，新手按这个比例包月饼能不漏馅就是奇迹，我个人建议从 6.5 ： 3.5 开始着手，慢慢调到 7 ： 3，最后调到 8 ： 2。

6. 水不要喷太多，否则月饼上的花纹容易变形，毕竟做月饼不难，难的是从烤箱里拖出来时还保持着清晰的花纹。我为了做广式月饼，特意买了喷雾瓶。

7. 蛋液也不要刷得太多太猛，道理同上，一切为了花纹。最好用羊毛刷子刷，因为羊毛刷子比硅胶刷子更细腻、更轻柔。至于蛋液中蛋黄和蛋清的配比，有人用 1 ： 1 的比例，有人用 4 ： 1 的比例，我看了下他们各自做的月饼图片，感觉上色都不错，我自己是把一个鸡蛋打散了，也不讲重量比例，就这么胡刷呗。

8. 月饼模子还是买圆的吧，我买的是方的，当时觉得满大街都是圆月饼，太俗气了，我要与众不同！但是实际操作时发现方的不好用，把包好的月饼生坯整整齐齐塞进方形模子真是费死劲了，不是边上的角填不实，就是中间塞蛋黄的地方鼓起来了，废了好几个月饼才弄好。

喷雾瓶

9. 新出炉的月饼比较硬，不能马上吃，静置几天后饼皮会变软，这叫回油。所以明天中秋今天才动手做月饼的同学还是一边凉快去吧，熬个转化糖浆得放几天，做完月饼还得放几天，至少提前半个月开始准备。

10. 回油也罢，上色也罢，到什么程度才算合适？别问我，文字表达有时很难到位，大家去超市买两个贵点的月饼对比下就知道了。

11. 月饼特别吸狗毛，养狗的同学请自重。我家的甜点有狗毛飞进去很正常，别的甜点一烤盘也就能发现一两根，月饼是每一个至少揪出五六根，搞得我都不好意思送人了。

自从我会做月饼后，中秋节就再也没有收到过礼物了，当然我也不希望他们送月饼，节日过完后很久很久依然拥有吃不完的月饼的可能只有我，吃自己做的月饼都快吃吐了的可能也只有我。

我早说了，我对榨菜鲜肉月饼的爱是专一的，长久的，早午晚饭可以都是它，其他月饼就死心吧，我不会爱你们的！

材 料

转化糖浆：

砂糖	200 克（粗细都行）
柠檬汁	20 克

（能做 100 克的月饼 20 个左右）

饼皮：

中筋面粉或低筋面粉	150 克
转化糖浆	110 克
枧水	1.5 克
花生油	40 克

馅料：

莲蓉 / 豆沙	580 克
咸蛋黄	10 个

（我这是按皮和馅 3 ： 7 的比例写的配方，咸蛋黄每个约 12 克）

表面：

全蛋液	适量

做 法

转化糖浆部分：

❶ 找一个厚底的小锅（材质为不锈钢、陶瓷或者铜，我用的是晶彩锅，理论上珐琅锅也可以，但我没试过，因为我家只有黑珐琅锅，感觉白珐琅锅更适合，千万不要用铁锅或铝锅，这是因为糖浆里酸性物质太多），把砂糖和 90 克水放进去，简单搅一搅。

❷ 中火加热，不要再搅动了，不作不死，再搅动就是作！

❸ 煮开后加入柠檬汁，改小火，不要搅动！

❹ 然后就坐等糖浆颜色成为……我都不知道怎么描述了，有人说是琥珀色，但琥珀的颜色其实有很多梯度，金珀就很浅，红茶珀就很深，转化糖浆熬成金珀色那是功夫不够，熬成红茶珀色就算废了，我查了下从前拍的琥珀照片，以右图这个颜色为标准。

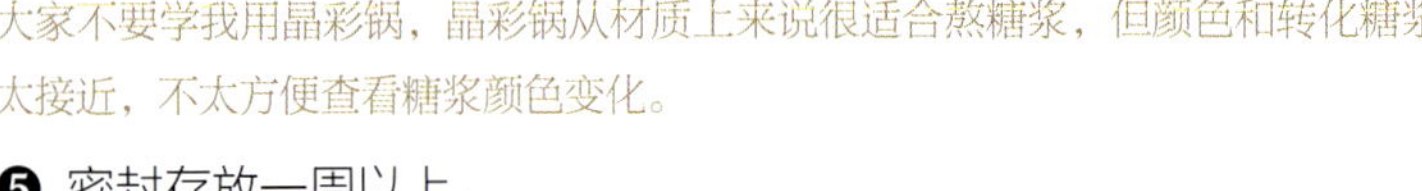
大家不要学我用晶彩锅，晶彩锅从材质上来说很适合熬糖浆，但颜色和转化糖浆太接近，不太方便查看糖浆颜色变化。

❺ 密封存放一周以上。

我说你们就买个金狮糖浆算了，费这劲干什么？

月饼部分：

❶ 枧水和转化糖浆放在一起，搅拌均匀，先让碱酸平衡一下。

❷ 加入花生油，搅拌均匀，搅到均匀的状态不太容易，尽力就好。

❸ 倒入面粉并揉成团，这就是饼皮。

❹ 把饼皮和馅料都平均分成 10 份。

❺ 饼皮擀成圆形，馅料放在饼皮中间，包起来。

❻ 模具里撒点面粉防粘，把月饼塞进模具。

❼ 在月饼表面喷水，喷雾器按一下就足够了。

❽ 放入已预热至 200℃的烤箱中层，上下烤，先烤 5 分钟定型，取出来刷全蛋液，接着再烤 10 分钟左右。

把知识拉伸一下

豆沙酥

面皮做法和老婆饼（见178页）完全一样，把馅换成豆沙，红的绿的都行，要喜欢吃枣泥，也可换成枣泥的。

西瓜妹的学习笔记

中式甜点好简单

我有几点感触。

1. 经历过蛋挞酥皮的考验，中式酥皮太简单了，立起来压下去的动作 ×2，酥皮就做好了，不用叠被子，也不用担心油酥漏出来怎么办。我发现做一些难做的甜点很有好处，这就像学习的时候做一些特别难的题目，虽然解法很复杂，涉及的公式很多，还经常做不出来，但是做完之后再看平常的题目，会觉得这也太容易了吧，简直侮辱本瓜妹的智商！

所以我以后要多向高难度挑战，做不成也没关系，有诗云：

“烘焙无必胜，失败可怡情。
闲时做难题，技艺更精进。”

2. 中式甜点有一个表亲系列，老婆饼、老公饼、苏式月饼、豆沙酥、绿茶酥……这些表姐表姐夫表弟表妹的皮都是一样的成分、一样的做法，只是馅不一样。

3. 鉴于以上两点，我对金牛老师说：中式甜点数量好像不是很多，变化也不是很大，创意更加乏善可陈，样子和口感也不精致，祖先们到底干什么去了？我们应该向日本的寿司之神小野二郎学习匠人精神。

老师说，一来中国人的创意更多地用在甜品上，毕竟有干有稀吃着带劲，这得感谢聪明能干的广东人；二来中国人普遍喜欢夹心的食物，又总是要求皮和馅的口感对立统一，比如外酥里嫩（苏式月饼）、外热内冷（炸鲜奶）、外紧内松（糯米糍）……结果是我们吃什么都觉得似曾相识；至于祖先们的匠人精神么，建议去知乎找找答案。

我上知乎了，然后就看到有位大神说了下面这段话：

“你们在逗我？日本有些店是还不错，但是大中华吃货国的美称被你们吞了？你们问问去过日本的，多少人待了两周以上是快吃哭回来的。

北京的烤鸭、淮扬府的生煎包、峨眉的担担面、乌鲁木齐的拉条子、潮汕的牛肉丸，哪个比寿司之神的寿司差了？

出生在大中华什么都能输，跟人比吃的还能比输？你们的出息呢？”

那……好吧。

金牛批注：

烘焙之外，也可以尝试下不用烤箱的甜点，比如萨其马、桂花糯米糕、椰奶雪花糕，以加深对中式点心的认知，配方自己找，要学会举一反三，不要什么都指望老师来讲，老师也很累的。

烘焙知识大盘点，这届焙友行不行

❶ 凤梨酥的馅料经过一系列处理后，重量还剩下多少？
❷ 凤梨酥里的凤梨为什么不能用料理机搅拌？
❸ 水油皮中用到的面粉、水、猪油的比例是多少？
❹ 油酥中用到的面粉和猪油的比例是多少？
❺ 做广式月饼有个概念叫回油，什么是回油？
❻ 要保持广式月饼上的花纹有哪些注意点？

第七天

面包

烘焙精读课

我学面包的心路历程

面包我既不喜欢，也不讨厌，迄今为止，也没有哪种面包让我眼前一亮，心中一荡，牛躯一震，精神得到解脱，灵魂得到释放，只能说让我吃，我也能吃，横竖比饿着强。

做美食的第一驱动力一定是自己喜欢吃，什么向家人传递爱心，向爱人传递真情，真的，我做了面包才发现，都是瞎扯！自己没感觉，谁喜欢都没用，全身的能量根本调动不起来。

其实面包的难度并不比蛋糕大，但由于我缺少驱动力，学得就格外辛苦，并且总是会忽略一些细节，所以经历的失败也特别多，今天主要和大家分享下面这些。

揉面

最初我也试过用手来揉，反正我大金牛对没感觉的事情向来抠门，根本舍不得花钱买个面包机。

现实无疑是残酷的。

揉面工程仅仅进行了 15 分钟，离传说中的揉出筋来还差得远，我已经累得怀疑人生了，面团真的可以揉成手套膜吗？书上的照片不会是他们 PS 的吧？

这时候突然想起，我虽然自己不想买面包机，但可以找个由头让人送一个呀，过年过节过生日，大家不是应该礼尚往来一下吗？实在不行就清明节，我不忌讳的，在和钱有关的一切问题上，我们金牛是坚定的唯物主义者。

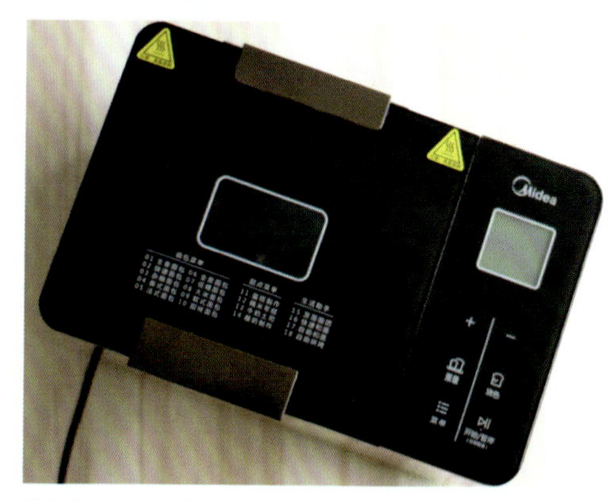

我家的屌丝面包机，它的主业是为它老大做最喜欢的年糕

我信誓旦旦地表示会把做的面包送给对方（反正我也不吃，就不要浪费了嘛），总价值将远远大过一个面包机，这必然是一笔高回报低风险的投资。

然后就得逞了。

拿到面包机后，开心了不到 10 分钟，我发现全按说明书操作，我就失业了——面包机是全自动的，我只要把材料扔进去，它自己就能完成整个制作过程，根本不需要人类。

我很尴尬呀！

它怎么能越俎代庖呢？

好在试了一次后发现它做的面包不够性感，样子还行，口感一般般，只能骗骗对吃喝没什么要求的人——放着我来，这个世界还是需要我的！

这时候再去看别人的配方，发现大家只是用面包机揉面，发酵亲自盯着，整形靠手，烘焙依然用烤箱。

明白了，明白了。

接下来继续讲揉面。

面包机做的面包外观，啥都没刷，面包皮酥软，无光泽

面包机做的面包内核，有拉丝效果，口感绵软

面团为啥要揉出筋？为啥要揉至所谓的扩展阶段，甚至完全阶段？揉不出手套膜，还能做出面包来吗？

以下是我实验的结果：

面包机随便揉了十几分钟，烤出来的面包气孔很大，组织粗糙（图1）。

面包机努力地揉至扩展阶段，烤出来的面包气孔小多了，但没有拉丝效果（图2）。

面包机更努力地揉至完全阶段，此时机器已经浑身发烫，它会不会爆炸啊？

不，它不会爆炸，最多因为体温过高而自动断电，最终，它消灭了气孔，面包出现拉丝效果（图3）。

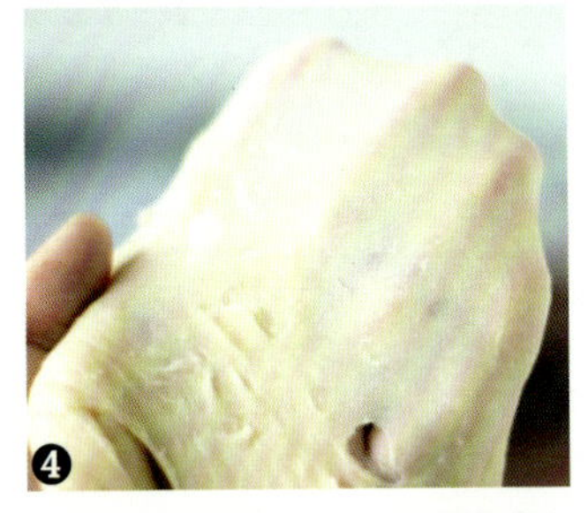

如果不是右下角的破洞，几乎可以冒充手套膜了，不过破洞这么不规则，说明还在扩展阶段

小朋友们，现在明白揉面的意义了吗？

揉面是要形成面筋，并且让面筋不断地变得强大而坚韧，这样最终烤出来的面包蛋白质才会凝固，组织才会紧密，口感才会细腻。

那么问题又来了，什么是扩展阶段？什么是完全阶段？

当我们把面团轻柔地拉开，形成一张薄膜，能透光，但不结实，一捅就破，说明已经到扩展阶段（图4）。

当薄膜很坚韧，轻易捅不破，形成俗称的手套膜，那就到了完全阶段（图5、6）。

刚能整出手套膜的那一阵，我都快兴奋死了！每次揉面，管它什么面包，不拉出手套膜绝不罢休！其实并不是所有的面包都需要把面团揉至完全阶段，多数面包停留在扩展阶段就可以了，当然吐司必须出手套膜效果。

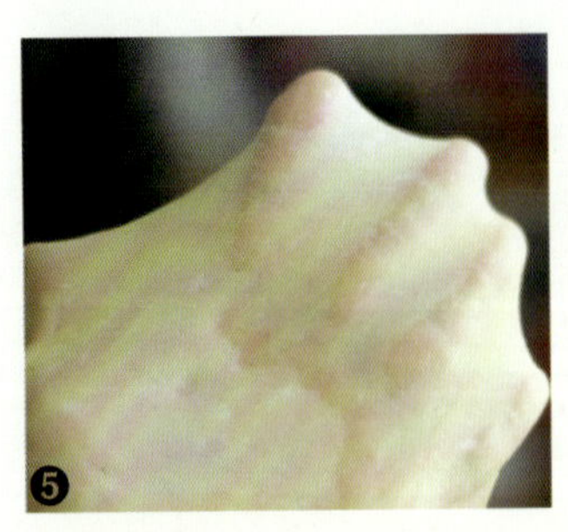

拉膜的时候动作要轻柔缓慢，膜要拉得均匀，不要厚一块薄一块的，否则还是会破，毕竟这是面筋，不是橡皮筋

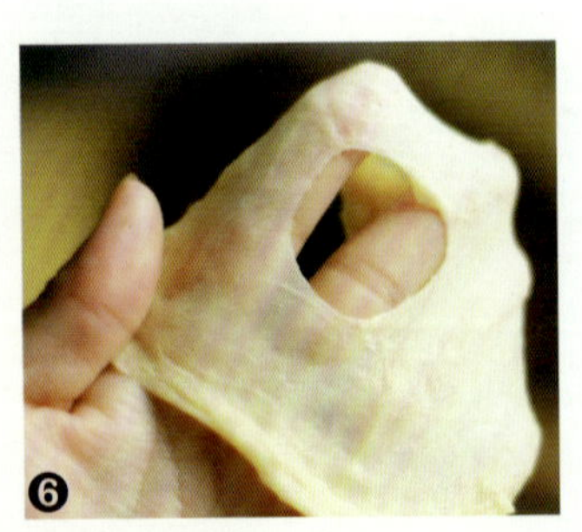

戳一指头，洞的边缘完整光滑

烘焙总共就三个问题：1. 是什么？2. 为什么？3. 怎么做？

关于手套膜的问题1和问题2我已经解答，现在来看看怎么做——怎样才能揉至扩展阶段和完全阶段？

1. 配方中用的液体食材比重越大，越容易出筋，水、牛奶、鸡蛋都属于液体食材。有人说含蛋液多的面团不容易出筋，我自己试了之后觉得还好，我第一次揉出手套膜就是在做鸡蛋吐司的时候，至今依然记得那激动的心情，小心肝扑通扑通直跳。

2. 揉的时间要够长。面包机自己设定的时间只有十几分钟——这是它作为劳动者期待的工作时间，我们作为万恶的资本家、剥削者，怎么能听它的呢？每个面包机功率不同，揉出手套膜所需时间也有差异，有的四五十分钟就可以，我家屌丝机要一小时以上，十几分钟就能搞定的面包机似乎不存在。

3. 用后油法。后油法是把除黄油外的所有材料统统扔进面包机，揉至扩展阶段再加黄油。用后油法是因为油脂会阻断面筋的形成，到了扩展阶段，面筋已经形成，这时候再加黄油则有助于面团延展，当然黄油要先放在室温下软化。

后油法：面包揉至扩展阶段再加黄油

4. 做好降温工作。夏天开空调，液体食材用凉的，面包机的盖子要打开，否则机器自身的热度很可能让面团提前进入发酵，这可就出不了筋了。日本动画片《日式面包王》里的东和马拥有一双太阳手（他可真是一个物理学意义上的暖男啊），剧中说这叫天赋异禀，是做面包的好苗子，我告诉你们，这是24K纯的胡说八道，手太热对面团没有任何好处，就算是发酵，也用不着手来发热。

滚圆

把面团揉至扩展阶段或完全阶段之后，可以进入发酵阶段了，发酵前有一个叫滚圆的小做法——让面团呈现圆形，这样发酵之后的面团才会有完美的形状。

完美的形状

我曾经以为把面团在硅胶垫上滚一滚它自己就能圆，事实是不能的，我揉过、捏过、搓过，但面团就是有缝、有裂痕、坑坑洼洼、奇奇怪怪，和所有烘焙书上的图片都不一样。我伤心地想，我们南方人啊，就是不擅长做面食，揉面是童子功，长大了再练是不行的，我哪里懂得什么滚圆呢？

伤感了很久之后突然发现滚圆是有技巧的，我虽然手笨，从小不揉面，但是方法对了面团也可以很圆。

1 先把面团拉长，我拉得有点难看，请忽略不计。

2 把两边往中间折叠，依然很难看，请继续忽略。

3 180度大翻转，背面是光滑平整的，把边边角角的往里拢一拢，基本就是圆球了。

发酵

发酵一般分两次，第一次把整个面团滚圆后发酵，第二次把面团切割成几个小剂子，把小剂子滚圆后再次发酵。

我认为发酵是重点，但不是难点，在我“十八岁”的年轻生命里，一共只失败过三次，一次是因为无视耐高糖酵母和普通酵母的区别，其余两次是高估酵母的寿命，使用放置时间太长的酵母，所以，只要酵母菌还活着，世上就没有发不了的酵。

我就说几个注意点吧。

1. 一般来说，面包发酵用的是耐高糖酵母。有一般来说，就有不一般来说，制作糖浓度达不到 7% 的低糖或无糖面包，属于不一般来说，这时普通酵母就可以。

原因是糖、盐都会产生渗透压，有的酵母对渗透压的忍耐力很差，糖浓度一超过 7% 就玩完了，有的酵母对渗透压完全无感，糖浓度即使达到 30%，它都表示毫无压力，完全不影响活性，对渗透压无感的就是耐高糖酵母。

高糖酵母

2. 放在温暖的地方，暖气片上、咖啡机顶部的温杯处、烤箱里……都可以，如果你有一双东和马的太阳手，也可以把面团捧在手心里。

3. 第一次发酵时，盛放面团的碗要包上保鲜膜或者湿布，以防止面团变干。第二次发酵多数情况下都要求湿度在 85% 左右，所以这时可以放在烤箱里，烤盘中放点水，用湿度计测量发酵条件。

第一次发酵

酵母在 35℃时活性最佳，40℃以上就阵亡了，我们做比萨时讲过这个问题，这里再提醒一次，大家控制好温度。

4. 不管第几次发酵，最终结果都要达到原面团的 2 倍大，用手指头戳一个眼儿，如果不回缩就说明发酵完成，这个在比萨那部分也讲过。

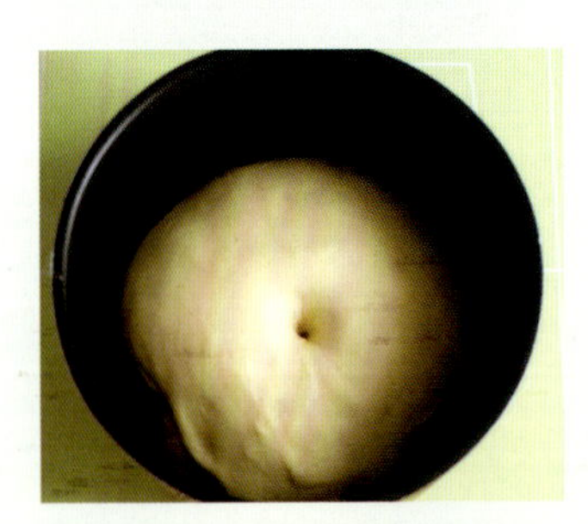
戳一个眼儿，不回缩说明发酵完成

排气

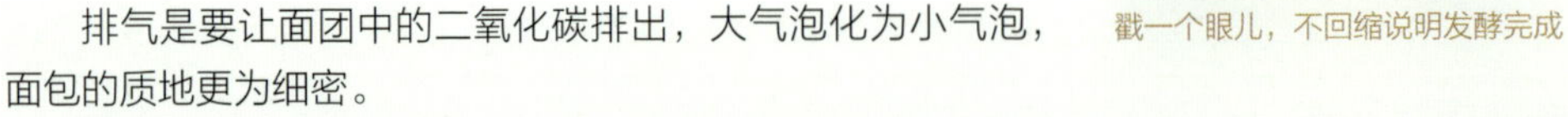

排气是要让面团中的二氧化碳排出，大气泡化为小气泡，面包的质地更为细密。

很多书上说用手掌拍打，我试过之后觉得太疯狂了，我和面团又无冤无仇的，为啥要揍它？重点是没见什么气体出来啊，巴掌都拍疼了，连个屁都没拍出来。

所以我就改为用手掌压，这下压出好多屁来——排气时真的能听到扑扑扑的声音，大气泡破裂是看得见的。

刷液

最常见的是水、牛奶、蛋液、蛋水液（全蛋液和水以 1：2 的比例稀释），效果不太一样，看下图。

从光泽上看，刷蛋液＞刷蛋水液＞刷牛奶＞刷水。

从面包皮的硬度看，刷蛋液＞刷蛋水液＞刷水＞刷牛奶。

但是刷蛋液会出现一个问题：烤完后上面颜色深，下面颜色浅。

其他可刷的：

1. 蜂蜜。这个我试过了，光泽倒是不错，但是黏乎乎的，搞得刷子特别恶心，我不能接受。

2. 橄榄油或者黄油。刷油对增加面包的光泽和颜色几乎无帮助。

3. 蛋黄液。上色容易，而且很均匀，但面包皮很容易煳，慎刷。

4. 蛋黄水（蛋黄加水打散）。刷这个其实效果不错，有光泽，上色也很均匀，面包皮略硬，但不知道为什么很少有配方提到，难道其中暗藏玄机我未曾窥破？比如人类吃了刷蛋黄水的面包会变成蜥蜴？

什么都不刷会怎么样呢？

也不会怎么样，面包皮不会破，不会煳，只会产生颜色比较深的哑光效果。

烤完之后

烤完之后不要立刻吃，因为此时面包里含有大量水蒸气，先静置 2 小时，让水蒸气散走一些，口感会更“嗲”，当然“嗲不嗲”我对面包都没什么兴趣。

静置之后，面包要密封保存，否则水分就流失得太多了，口感就变得太干硬了。

可以冷冻但不能冷藏。做太多吃不掉，把面包冷冻起来，想吃的时候放进烤箱再烤一烤。冷藏则会加速淀粉老化，面包很快就腐败变质了。

关于吐司的标准用量

据说这是美国人的研究成果。

细砂糖：高筋面粉 = 1：20

盐：高筋面粉 =1：50

脱脂奶粉：高筋面粉 =3：100

黄油：高筋面粉 =1：25

酵母：高筋面粉 =1：50

改良剂：高筋面粉 = 1：1000

水：高筋面粉 = 70：100

按这个比例，如果高筋面粉 1000 克，那么细砂糖 50 克、盐 20 克、脱脂奶粉 30 克、黄油 40 克、酵母 20 克、改良剂 1 克、水 700 克。

我倒是很喜欢这种找规律、做归纳、把一切量化的行为，瞬间简化了操作，但试过之后，我有点沮丧，因为实在没什么味道，都不知道自己嘴里啃的是什么，家中的三位狗少爷吃得倒挺开心的，所以按这个配比做出的面包可以作为狗零食存在——请不要多心，我这里没有任何贬低的意思，狗狗可是我的亲生骨肉啊，我是说糖、盐、油用量都很低，对狗不构成刺激，适合它们食用。

全麦面包

美食知识八一卦

欧式面包和日式面包的区别

我先来举些例子，看大家能不能直观地发现欧式面包和日式面包的区别。

属于欧式面包的有吐司、可颂、法棍、乡村面包、大咧巴、夏巴塔、纽结饼……属于日式面包的有红豆沙面包、奶油面包、可乐饼面包、炒面面包……

第一眼能看见的区别是欧式面包朴素粗犷，日式面包花枝招展。

欧包主要用料是盐、酵母、水、面粉，喜欢加些燕麦粉或黑麦粉，鸡蛋和黄油并不重要，甚至可以不用，像著名的法棍面包就没有鸡蛋，没有糖，没有黄油。

日包什么都往里加，只要是人类爱吃的，香肠、奶油、卡仕达酱……糖和黄油的含量简直了，其热量之高令减肥人士心惊胆寒。另外，面包皮比欧包薄，颜色比欧包浅。

吃了之后发会现，口感差得也很远。

欧包很硬，往好了说那叫有嚼头，往坏了说那叫硌牙，反正一般少油、多膳食纤维的食物都要求我们有一副好牙口。欧洲人经常蘸汤吃，比如大咧巴，就着红菜汤吃，美得很。就本书讲的全麦面包，我嚼了两口感觉牙齿有崩掉的危险，连忙送给三只狗吃，它们吃得也不容易。

日包柔软有弹性，细腻精致，里面有各种各样的馅，有甜包和咸包之分，总体说来，甜包居多。

其实日本也有吐司，但明显比欧式的松软。

做法上看，欧包揉面的时间长、对面筋的要求高、烘焙温度高，日包则相反。

还有一个用途上的区别，欧包是主食，日包是点心，最多也就被当成早餐。

欧包是横空出世，无中生有，从0到1，日包是精进改良，如同几年前流行的游戏——给《秘密花园》提供的线稿上色，但是如果没有线稿，他们画什么？又往哪儿画？

日本人更善于在原有基础上做改进，让一个产品更优质、更好用、更人性化。世界是多样性的嘛，大家都来创造，谁来改进？

这两种人我们一并感谢下，他们共同对人类的美食文化做出了巨大的贡献。

配方

材料

高筋面粉	160 克
全麦面粉	80 克
黄油	25 克
牛奶	160 克
酵母	5 克
细砂糖	25 克
盐	1 克

配方解读

1. 盐

做面包的四大要素：面粉、水、酵母、盐。

是的，你没有看错，可以没有糖，但不能没有盐，著名的法棍就不含糖。

盐的作用除了增加风味之外，还可以让面筋更强劲、弹性更佳，也能让面包内部看起来更白。

2. 面包中的液体

如果把牛奶置换成水，可以略少几克，因为水吸收面粉的能力大过牛奶。总的液体量（有鸡蛋的话，鸡蛋也要算上）为面粉量的65%左右，如果面粉是100克，那么液体大约65克。

3. 全麦面粉

百分百的全麦面粉无法形成面筋，必须和高筋面粉一起才可以做面包。

高筋面粉加上全麦面粉，吐司的质地会比较紧密。

做法

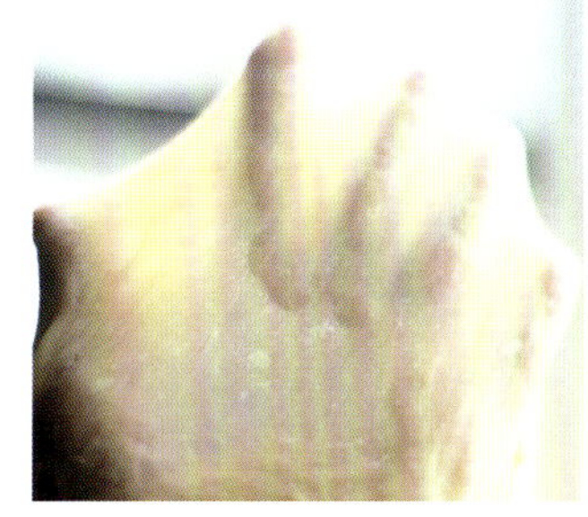

1 材料扔面包机里，用后油法（见199页）将所有材料揉至完全阶段。对后油法和完全阶段依然一脸懵懂的同学把《我学面包的心路历程》复习50遍。

做法1的补丁

往面包机里扔材料的顺序是：先扔液体，然后糖、盐、酵母，最后是面粉。

这个我后面就不重复了，所有面包都一样。

有人说盐和酵母要分开放，因为盐会抑制发酵，不过新鲜的耐高糖酵母很猛，盐根本压不住。反正该发自然会发，发不了的怎么都发不了，关键在于酵母的能耐，所以分开放的意义不大。

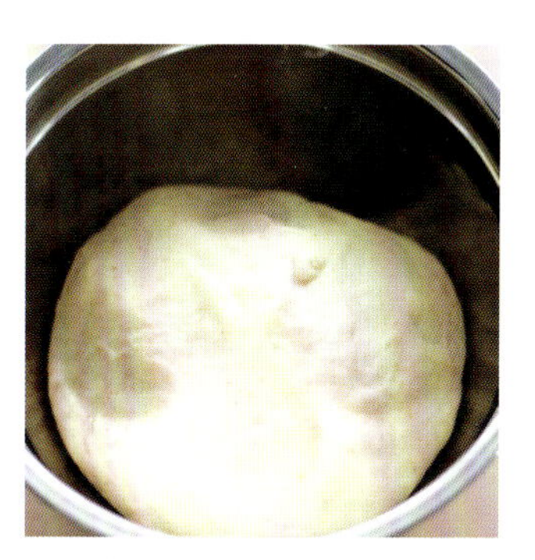

2 发酵，直到面团膨胀2倍大。

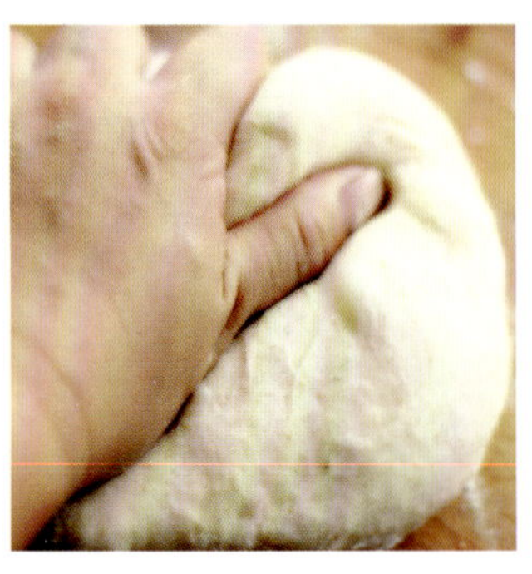

3 用手掌按压面团排气。

4 切割，分成三份，滚圆并擀成长条。

5 卷起来。

6 放入吐司模。

7 二次发酵，直至满模。

8 满模后刷上水。

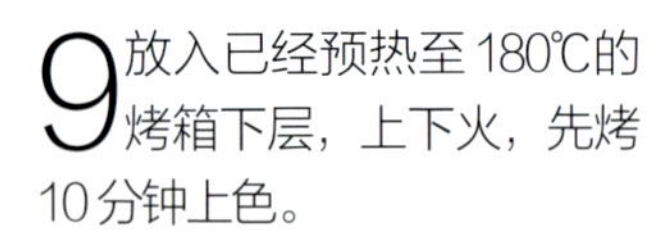

9 放入已经预热至180℃的烤箱下层，上下火，先烤10分钟上色。

10 上色后盖张锡纸，再烤30分钟上色即可。

金牛老师和西瓜妹的微信课堂

老师，发酵为啥要发两次？

只发酵一次膨胀率不够啊。

为啥会膨胀率不够？让面团多发一会儿不就够了？

那不一样的。

酵母发酵时会产生二氧化碳，第一次发酵后通过排气这个步骤把二氧化碳排走。

让新鲜氧气进来，让面团自由地呼吸？

对，酵母有了氧气，活性会增强。

如果只发酵一次，也就不需要排气这个部分了。

排气在面包制作中很有意义，可以使面筋强化，这勉强算是二次发酵的原因之一吧。

面团的每个部位发酵程度一样吗？会不会一边高一边低？

还真有可能会一边高一边低。面团有些地方膨胀不充分，通过二次发酵让所有部分都膨发起来。

看来烘焙中的每一个动作都不是多余的。

正解！

螺旋奶油面包卷

材料

面包：

高筋面粉	100 克
低筋面粉	25 克
鸡蛋	25 克
黄油	10 克
细砂糖	10 克
酵母	2 克
盐	1 克

奶油馅：

淡奶油	50 克
细砂糖	5 克

黄油	少许
全蛋液	少许

做法

面包部分：

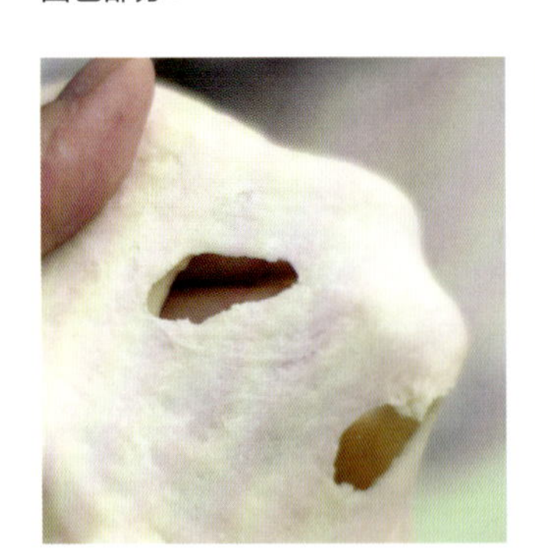

1 把所有材料加 50 克水揉到扩展阶段。

2 切割成三份，滚圆。

3 发酵至 2 倍大。

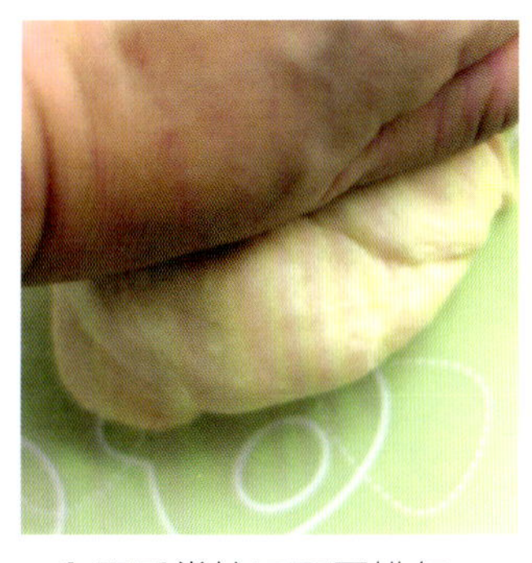

4 用手掌按压面团排气。

5 把面团制成至少 40 厘米长的长条。

6 在螺形模具上刷一层黄油。

做法 5 的补丁

长条的制作分两步：

1.把面团擀成长为 40 厘米的椭圆形。

2.卷起来。

我最开始以为是直接拉成长条的，但是不管怎么拉都很丑，还总是拉断。附上丑图，这就是我直接拉成长条后做成的面包，真的没眼看！

做烘焙就是这样，多数家常甜点已经没有技术难点，永远都有人已经总结出最科学的方法，拼的是执行。

7 把长条卷在模具上。

8 再次发酵至 2 倍大后，刷上全蛋液。

9 放入已预热至 190℃的烤箱中层，上下火，烤 10 分钟。

奶油馅部分：

把淡奶油和细砂糖一起打发成硬性发泡，花纹不会轻易消失。

组装：

抽走模具，把已打发的淡奶油挤入面包中即完成。

金牛老师和西瓜妹的微信课堂

面包不是应该用高筋面粉吗？ 

 对啊，用高筋面粉揉成的面团才能形成网状面筋结构，有黏性和弹性，能为酵母所产生的二氧化碳提供空间。

那为啥这款面包里又要加低筋面粉？ 

 并不是所有面包都要像吐司那么有韧性，总有一些面包没什么企图心，软软的就可以。

低筋面粉没有韧性，所以用低筋面粉是降低面包的韧性？ 

 真是个聪明娃。

 你有没有发现配方中水的含量有异常？

啥异常？用的是冰山上的雪水？你配方里又没说。 

 做全麦面包的时候，我说过液体重量约为面粉重量的65%，在本款面包中水的用量少多了，难道不是吗？

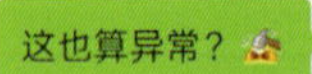

 高筋面粉的吸水能力最强，所以液体材料要多放些。

 低筋面粉的吸水能力就差多了，水的用量相应地减少了。

这款面包属于日式面包，对吗？ 

 不对，是欧式的。

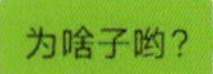

 这属于丹麦面包。

 可颂、拿破仑酥都属于丹麦面包。

为啥丹麦面包不像其他欧包那么朴素呢？ 

 据说是一位奥地利的师傅在维也纳向一位土耳其的师傅学习做面包的技术，最后传到丹麦，这是丹麦面包的源头。

地理不好的我已昏倒！ 

可颂

材料

高筋面粉	200克
冰水	115克
酵母	4克
细砂糖	25克
盐	4克
黄油	110克（分为20克和90克两份）
全蛋液	少许

做法

1 除了90克黄油、全蛋液其他所有材料都放在一起揉成面团。

2 把面团擀成长方形的面片。

3 90克黄油擀成面片的1/3大（在葡式蛋挞里我已详细介绍过怎么把黄油擀平，见156页），把黄油放在面片中间。

4 包起来，冷藏30分钟。

5 擀成片，硅胶垫上撒些面粉，面皮不要擀破，油脂露出来就全毁了。

6 叠被子（相信大家做葡式蛋挞时对叠被子记忆犹新，我就不重复了），冷藏20分钟。

7 把做法5、6重复一遍，再冷藏20分钟。

8 擀成0.5厘米厚的长方形片，再切成等腰三角形。

9 卷成牛角形。

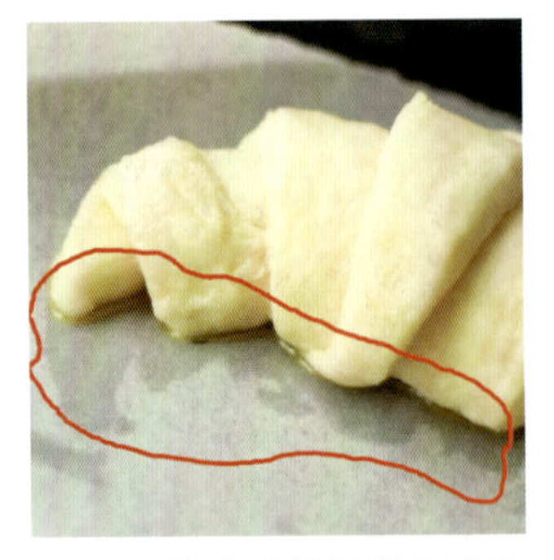

10 放在冰箱里进行冷藏发酵，直到有原面包坯的2倍大。

仔细看这张图，我特意来了个特写。

大家注意到了吗？可颂在发酵过程中黄油会漏出来，放在冰箱里发酵虽然耗时很长，但能够降低漏油的可能性，有人说放在加水的烤箱里发酵，其实这样漏油会非常严重。

11 在表面刷全蛋液。

12 放入已预热200℃的烤箱中层，上下火，烤15分钟左右。

奶酪辫子包

材 料

高筋面粉	260 克
牛奶	110 克
奶油奶酪	80 克
全蛋液	1 个
黄油	20 克
细砂糖	40 克
盐	2 克
酵母	4 克

做 法

❶ 把奶油奶酪切成小块，放在室温下软化。

❷ 把牛奶和奶油奶酪放在一起，用打蛋器打至顺滑。

❸ 用后油法（这步用到的材料是高筋面粉、细砂糖、盐、酵母、黄油。后油法见 199 页）将面团揉至扩展阶段。不知道的，去翻书吧!

❹ 将面团放在温暖处，发酵至 2 倍大。

❺ 用手掌按压面团排气。

❻ 将面团切割成四份，在常温下松弛 15 分钟。

❼ 做辫子，大家自己看右图吧。

❽ 二次发酵至 2 倍大。

❾ 在表面刷全蛋液。

❿ 放入已预热 180℃的烤箱中层，上下火，烤 15~20 分钟。

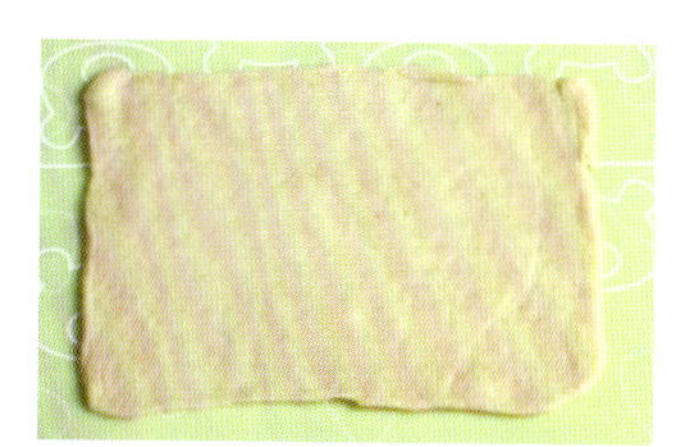

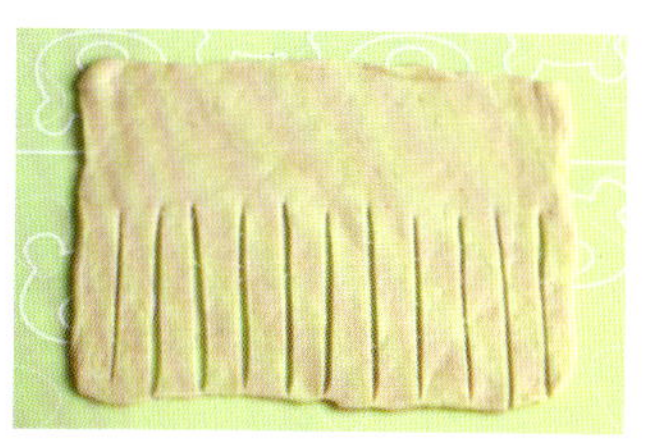

司康

司康是一种英式面包，口感马马虎虎，惊艳算不上，可口足以担当。
鉴于本人一贯推崇大酒大肉、大红大绿、大开大合、大破大立的暴发户审美，司康这么含蓄的食物，当然不符合我的审美观了，照片里的司康我填了些玫瑰酱，依然嫌口感太朴素。
但是，就算人家不合我老人家的脾胃，我也可以拍得好看一点嘛，为什么选这张照片呢？
大家有没有发现，我那玫瑰酱填得像吸血鬼的牙齿，这么诡异的照片上哪儿找去啊？
哇哈哈哈哈！

材 料

中筋面粉	250 克
黄油	60 克
淡奶油	80 克
泡打粉	6 克
全蛋液	30 克
蛋黄液	1 个
细砂糖	50 克
盐	1 克
玫瑰酱	适量

做 法

❶ 把黄油放在室温下软化后，切成小粒。
❷ 中筋面粉和泡打粉一起过筛。
❸ 把中筋面粉、泡打粉、细砂糖、盐、黄油搓在一起，呈现粗玉米粉状。
❹ 加入淡奶油，弄均匀了，用手用勺，拌匀抓匀，怎么都行。
❺ 加入全蛋液，弄均匀了制成面团。
❻ 把面团擀成 2 厘米厚的面片。
❼ 用模子切出形状，圆形、三角形、方形随你们高兴。
❽ 在每个面饼上刷蛋黄液。
❾ 放入已预热至 180℃的烤箱中层，上下火，烤 20 分钟。（可加入玫瑰酱）

彩虹吐司

材料

高筋面粉	320 克
烘焙奶粉	20 克
鸡蛋	1 个
盐	2 克
细砂糖	55 克
酵母	4 克
牛奶	100 克
淡奶油	100 克
黄油	20 克
食用色素（或者带颜色的粉，如抹茶粉、红曲粉、草莓粉、可可粉等）	若干

做法

❶ 除食用色素外，将其余材料混匀，用后油法（见 199 页）将面团揉至完全阶段。

❷ 发酵至 2 倍大。

❸ 用手掌按压面团排气。

❹ 分成若干面团，分别用不同的食用色素染色，多揉揉面团，直到染色均匀（图 1）。

❺ 每个面团分别擀成长片后叠起来（图 2）。

❻ 放入吐司模中（图 3）。

❼ 盖上湿毛巾，发酵至满模，把湿毛巾撤走，盖上盖子。

❽ 放入已预热至 200℃的烤箱中层，上下火，烤 30 分钟左右。

❶

❷

❸

豆沙面包

材料

高筋面粉	250 克
低筋面粉	50 克
酵母	3 克
鸡蛋	1 个
黄油	15 克
牛奶	120 克
细砂糖	30 克
盐	1 克
豆沙	250 克

做法

❶ 用后油法（见 199 页）把除豆沙外的所有材料揉至扩展阶段。

❷ 发酵至 2 倍大。

❸ 用手掌按压面团排气。

❹ 分割成 10 个小面团。

❺ 每个小面团擀成圆面片，放入 25 克豆沙。

❻ 包起来。

❼ 二次发酵至 2 倍大。

❽ 放入已预热至 180℃的烤箱中层，上下火，烤 15 分钟左右。

北海道吐司

材料

A：（中种面团）	
高筋面粉	300 克
耐高糖酵母	3 克
黄油	6 克
细砂糖	10 克
牛奶	100 克
淡奶油	80 克
鸡蛋清	20 克
B：	
烘焙奶粉	20 克
黄油	6 克
细砂糖	45 克
盐	3 克
耐高糖酵母	1 克
鸡蛋清	25 克
C：	
全蛋液	适量
果酱	适量

做法

❶ 把材料 A 放在一起，揉成一个光滑的面团。

❷ 在常温下发酵至 2 倍大。

❸ 将面团撕成小块，扔进面包机。

❹ 把材料 B（除黄油外）也一起扔进面包机。

❺ 用后油法（见 199 页）揉至完全阶段。

❻ 取出面团切成三份，滚圆并松弛 15 分钟。

❼ 整形，参照全麦面包做法 4~9（见 201 页）。

❽ 在面团上刷全蛋液。

❾ 放入已预热至 180℃的烤箱下层，上下火，烤 30 分钟。（可配果酱食用）

把知识拉伸一下

椰蓉吐司

椰蓉吐司的做法汇总了前面讲过的很多技法，所以大家学习是否扎实，这款面包见分晓。

材 料

吐司部分：

高筋面粉	290 克
黄油	20 克
牛奶	110 克
全蛋液	30 克
淡奶油	40 克
细砂糖	40 克
盐	3 克
酵母	6 克

椰蓉馅部分：

黄油	30 克
细砂糖	30 克
椰蓉	50 克
全蛋液	30 克

做 法

❶ 吐司部分我就提示三个关键词：后油法、完全阶段、发酵。

❷ 面团发酵时我们来做椰蓉馅。把黄油和细砂糖一起打发至顺滑即可，分三次加全蛋液，每次打发均匀后再加入新的蛋液（如果到现在还会打成水油分离状态，那我只能说烘焙这个梦想你可以放弃了），最后加入椰蓉，搅拌均匀。

❸ 把已完成一次发酵的吐司面团擀成大面片，把椰蓉馅均匀地刷在上面，要全部刷满。

❹ 叠被子，想不起来的同学请参考葡式蛋挞或可颂。不过这里比较简单，面片包住椰蓉馅后再擀平就算完成了，不用反复叠，也不怕露馅。

❺ 擀成大面片后切成三根长条，大家梳过麻花辫吧？用这三根长条梳根麻花辫，松松垮垮的即可，太紧了影响二次发酵。

❻ 把“麻花辫”放入吐司模中，二次发酵至满模。

❼ 在表面刷一层全蛋液，盖上吐司盖。

❽ 放入已预热至 175℃的烤箱下层，上下火，烤 40 分钟。

西瓜妹的学习笔记

关于发酵的补充说明

金牛老师所举的例子除了北海道吐司之外，发酵用的都是直接法，即把所有材料都放在一起，然后搅拌、发酵，这是最简单也最省时省力的发酵方法。鉴于她在面包领域确实没有野心，应该也不愿意再去深入研究其他发酵法了。

但是我有兴趣啊，哈哈哈哈，我超级喜欢吃面包的。除了直接法，还有中种法、汤种法和老面法。

我先来说说中种法。

直接法简单是简单，但做出来的面包口感粗糙而且容易老化，多搁两天口感就大不如前了，也就金牛老师这种对面包没有追求的人能接受。中种法做出来的面包就细腻多了，拉丝效果也是一级棒，而且不易老化，储存期比用直接法做的面包可长多了。

中种法是怎么个操作法呢?

第一步：分成两个面团，一个是中种面团，一个是主面团，中种面团用到的面粉量为全部面粉用量的50%以上。

第二步：先处理中种面团，让其发酵至3倍大。

第三步：发酵后的中种面团和主面团合而为一，揉成一个光滑的大面团。

第四步：把这个光滑的大面团放进面包机，揉至完全阶段。

第五步：二次发酵（也有可能在二次发酵前进行切割、滚圆的处理）。

上面所说的五步做法是普通中种法，还有更炫酷的冷藏中种法（即中种面团先在室温下发酵半小时左右，再放入冰箱冷藏室发酵12小时）和百分百中种法（即全部面粉都用在中种面团，主面团都没有面了，中种面团应发酵至2倍大，我们之前做的北海道吐司就是百分百中种法）。

汤种法是面粉和水混在一起后直接加热，这面糊糊就是传说中的汤种，汤种冷却后和其他材料混合发酵，汤种的重量不能超过所有材料总重的25%。用汤种法做出来的面包含水量很高、很柔软。

老面法和做酸奶有点像，做酸奶可以不用发酵粉，而是以1/3的酸奶（作为酵头）和2/3牛奶混合发酵，老面法也是要做一个酵头，即让面粉、水和酵母混合发酵，然后把酵头和主面团揉在一起。用老面法做的面包有嚼劲，像法棍这样的面包最好用老面法来做。

就这样吧，终于写完所有的学习笔记了，又开心又轻松，也有一些舍不得，一段生活就这样终结了。

祝大家和我一样学得开心。

金牛批注：

我也如释重负了。

烘焙知识大盘点，这届焙友行不行

❶ 为什么要揉面?
❷ 什么是扩展阶段? 什么是完全阶段?
❸ 什么是后油法?
❹ 面包如何保存?
❺ 欧包和日包有什么区别?

附录

该讲的已经讲完了，附录里的内容有的详述，有的简述，有的稍微解释一下，这要看甜点本身的制作难度，除了泡芙值得好好讲一讲之外，其他都很简单。如果前面每一个配方大家都认真尝试了，就算做不到次次都成功，那么到今时今日，大家对烘焙也有了比较深入的认识了，有些低幼版的甜点一看照片，就已经心里有数，能自行脑补出做法。

小清新系列

卡仕达酱泡芙

可以用于填充泡芙的馅料有很多，把淡奶油和细砂糖一起打发是一种，意式蛋白黄油霜是一种。卡仕达酱是比较经典的一种馅料，我就讲个卡仕达酱吧。

材料

泡芙：

低筋面粉	75 克
黄油	50 克
细砂糖	3 克
盐	1 克
鸡蛋	3 个

卡仕达酱：

牛奶	200 克
鸡蛋黄	40 克
细砂糖	35 克
低筋面粉	15 克
玉米淀粉	5 克

做 法

泡芙部分：

1 黄油切成小块。

2 黄油、125克水、盐和细砂糖放入锅里加热，直至沸腾。

3 筛入低筋面粉，改小火。

4 快速搅拌，使面粉和水完全混合，熄火。

做法 4 的补丁

熄火时，面糊应该是没有粉粒且完全不粘锅的状态。

5 分几次加入鸡蛋，搅拌均匀。

做法 5 的补丁

当面糊温度降到60~65℃时，开始加入鸡蛋。

最终面糊的状态为提起铲子成倒三角状光滑下垂，并且不会滑落。

我看见有人说面糊尖角到底部的长度约4厘米的状态为合格，我试过之后感觉这个表述有点奇怪——只要面糊不会滑落，那么长度就是可控的啊，我想3厘米就3厘米，想4厘米就4厘米。

6 装入裱花袋，用曲奇嘴挤出形状。

7 放入已预热200℃的烤箱中层，上下火，烤15分钟左右，中间不要打开烤箱门。

做法 7 的补丁

泡芙的成功标准有二：一是中间有空心，二是出了烤箱不塌陷。

卡仕达酱部分：

1 在鸡蛋黄中加入细砂糖，用打蛋器打至颜色发白。

2 把低筋面粉和玉米淀粉筛入蛋黄中，搅拌均匀制成蛋黄糊备用。

3 小火加热牛奶，温度达到60℃时熄火。

4 分多次把蛋黄糊加入温牛奶中，搅拌均匀。

5 小火加热，一边加热一边搅拌。

6 达到黏稠状态时熄火。

7 盖上保鲜膜，冷藏1小时。

组装：

把泡芙横向切开，挤入卡仕达酱。

最后的说明：

1 我用的挤花嘴依然是做曲奇时的齿形花嘴，如果大家想要做成蛋糕房售卖的圆溜溜的泡芙，请用上面这个挤花嘴。

2 挤出来的面团带细条纹，顶部如果有突起，可用手指蘸水轻轻抚平。

3 最后做出来的效果是滚圆滚圆的。

焦糖布丁

材料

布丁：

牛奶	200克
细砂糖	50克
鸡蛋	2个

焦糖糖浆：

细砂糖	100克

做法

布丁部分：

❶ 把牛奶和细砂糖一起隔水加热，边加热边搅拌，直至糖完全化为液体。

❷ 牛奶冷却后加入鸡蛋，搅拌均匀，形成布丁液。

❸ 把布丁液至少过筛三次，静置半小时，这和做水波蛋的道理一样：要细腻，得多筛。

焦糖糖浆部分：

糖和25克水放在锅中用中火加热，出现琥珀色时熄火，不要煮太久，否则焦糖糖浆会很硬。

不要搅拌，不要搅拌，不要搅拌，重要的事情说三遍！我第一次熬焦糖糖浆时就很贱很贱地老去搅，老去搅……传说中的琥珀色一气之下就不来了。

另外，有可能出现结晶的问题，用蘸水的刷子在锅边刷一圈，或者糖浆即将煮沸时，盖上锅盖焖几分钟就可以避免结晶。

熬好的焦糖糖浆可以直接用，这和转化糖浆很不一样。

大家要懒得自己熬，也可以买现成的焦糖糖浆（不是以前提到的金狮糖浆），我在刚开咖啡馆时买过，当时是为了做焦糖玛奇朵。不过很奇怪，好像没有人做布丁选择现成的焦糖糖浆，可能玩咖啡和玩烘焙的是两拨人，在食材的使用上有隔阂。

建议你们翻回广式月饼的配方（见190页），把转化糖浆的做法对照着看一遍。

组装：

❶ 把焦糖倒入布丁模。

❷ 在布丁模的内壁刷一层黄油。如果用我照片中的那种瓶子，黄油可以不刷，如果大家打算把布丁倒出来，让焦糖在上，布丁在下，那么黄油必须刷。

❸ 把布丁液倒入布丁模。

❹ 水浴法（见95页），在烤盘里至少加200克水。

❺ 把布丁模放入已经预热至160℃的烤箱中层，上下火，烤30分钟左右。

❻ 最好在冷藏之后吃，刚烤完的布丁甜得齁人，冷藏2小时后口感就柔和多了。

松饼（无泡打粉版）

材料

低筋面粉	70 克	牛奶	90 克
鸡蛋	2 个	细砂糖	25 克
黄油	50 克	朗姆酒	5 克

做法

❶ 分开鸡蛋清和鸡蛋黄。

❷ 黄油隔水化为液体。

❸ 把黄油液、牛奶、蛋黄和朗姆酒放在一起，搅拌均匀。

❹ 把低筋面粉筛入黄油牛奶混合物中，搅拌成面糊。

❺ 在蛋清中加细砂糖，打发至干性发泡。

❻ 把打发的蛋清倒入面糊中翻拌均匀，制成松饼糊。

❼ 在模具上刷油，把松饼糊倒入模具中。

❽ 放入已预热至 180℃的烤箱中层，上下火，烤 20 分钟。

松饼（泡打粉版）

材料

低筋面粉	160 克	鸡蛋	3 个
玉米淀粉	40 克	细砂糖	60 克
泡打粉	3 克	牛奶	100 克
黄油	60 克		

做法

❶ 黄油隔水化为液体，备用。

❷ 在鸡蛋中加入细砂糖和牛奶，搅拌均匀制成鸡蛋糊。

❸ 低筋面粉、玉米淀粉和泡打粉一起筛入鸡蛋糊，搅拌均匀。

❹ 倒入黄油液，搅拌均匀。

❺ 在模具上刷黄油，把松饼糊倒入模具。

❻ 放入已预热至 180℃的烤箱中层，上下火，烤 20 分钟。

黑森林

材 料

蛋糕部分:		装饰部分:	
可可粉	5 克	淡奶油	500 克
低筋面粉	95 克	细砂糖	50 克
鸡蛋	150 克	烘焙用巧克力	50 克
细砂糖	85 克	净黑樱桃	若干
黄油	25 克		
牛奶	40 克		

做 法

准备工作：

1 做一个6寸的可可海绵蛋糕（见105页）。

2 在淡奶油中加入细砂糖，完全打发。

3 把巧克力隔水加热化为液体后，再在常温下凝固，如此这般加工后的巧克力比较软，用不锈钢勺一刮就能刮出木屑花纹。

巧克力隔水化成液体

凝固后用勺刮成木屑状

装饰蛋糕：

1 蛋糕横切成两片，当然三片也可以，不过两片可以少用些奶油，我金牛座选择两片，不能更多。

2 在第一片蛋糕表面抹已经打发好的奶油。

3 把樱桃对半切开，放在奶油上。

4 在樱桃上再抹一层奶油。

5 盖上第二片蛋糕，在整个蛋糕的外表抹满奶油。

6 把巧克力屑撒满蛋糕表面。

7 挤点奶油，放几颗黑樱桃就算齐活了。

注意：

第一，正不正宗的我也不太清楚，因为我没去过德国，没吃过原版的，只能说看起来还挺像的。

第二，奶油实际用量到不了500克，我用得多是因为在做的过程中忍不住偷吃了一些，这个不怪我，只能怪奶油太好吃。大家要没有这个臭毛病的话，也可以适当减一些，当然糖也要相应地减少，再一次提醒大家淡奶油和细砂糖的比例是10：1。

第三，抹平蛋糕表面的奶油请用抹刀，刮平蛋糕四周的奶油请用刮板，让我们复习下前面提到过的工具。

这次挤奶油我用的挤花嘴是齿形挤花嘴，大家当然也可以用别的型号，不过我们前面为了学做曲奇特意买了这款，继续用，多用用。

这些工具前面都讲过，这里再温习一下。

第四，为什么这类蛋糕适合手笨的同学呢？因为初学者抹奶油的时候，边边角角不容易抹平，但这类蛋糕需要在“皮肤”上再加些料，比如巧克力屑、杏仁片，这样能够扬长避短。

抹刀

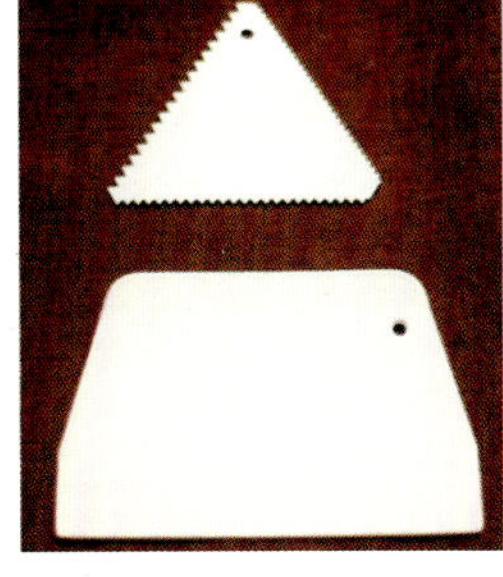

刮板

齿形挤花嘴

蜂窝煤蛋糕

材料

参照戚风蛋糕（见 91 页），在原配方的基础上再加 10 克竹炭粉，其余不变。

做法

❶ 蛋糕做法和戚风蛋糕完全一样。

❷ 用吸管在蛋糕上扎一些眼，制造蜂窝效果。最好用珍珠奶茶的吸管，比较粗，我手头只有艺术吸管，所以扎的每个眼都比较袖珍。

吸血鬼司康

这个比较无聊，在某宝上买食用假牙，然后在镜面果胶中滴几滴食用红色素，制造血淋淋的效果，把人造鲜血涂抹在牙齿上就可以了。

独眼龙蛋糕

蛋糕可以是玛芬，也可是海绵蛋糕，眼睛用的是眼珠糖，某宝上有

独眼龙蛋糕里的线虫状奶油是用上面这个挤花嘴挤的

也可以搞成丑萌风格，我用来做嘴的四片饼干是姜饼人的头——我当时正在做姜饼人，就随手把头掰下来了

盛宴

巧克力火锅

巧克力火锅是我当年卖的一个爆款，也是我退出咖啡界的直接原因，心力交瘁，热情尽丧，在很长一段时间内我闻到巧克力味道就想吐，不过厌倦也好，厌烦也好，都已飘散，如歌里唱的那样——“很多年以后，往事随云走”。其实巧克力火锅一点都不神秘，成本也不高，需要准备的有：

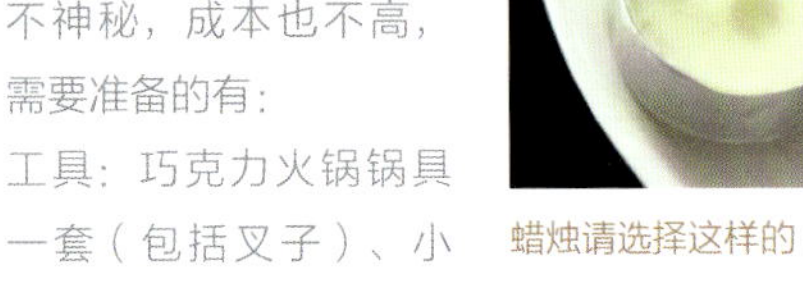

工具：巧克力火锅锅具一套（包括叉子）、小蜡烛一个。

蜡烛请选择这样的

材 料

A：巧克力（代可可脂虽然不健康，但更容易化成流动的液体，可可脂很难化，但口感好）。

B：切成小块的蛋糕和面包，饼干也可以；含水量低的水果（如草莓、苹果、火龙果等，而西瓜、芒果这类水分充足的水果则不太合适）；冰激凌。

做 法

❶ 锅具先用热水涮一遍，不温锅就直接加热会使锅具破裂，冬天这一步必不可少。

❷ 把切碎的巧克力放入锅中，点燃小蜡烛加热。

❸ 巧克力完全化开后，用叉子叉起食材蘸巧克力吃。

最后把拜伦的诗《春逝》献给巧克力火锅以及曾经的咖啡馆岁月吧。

“倘若他日相逢，事隔经年
我将以何向你致意
以沉默，以眼泪”

跋：

一个人要仰望多少次，才能见苍穹

又到了说再见的时候，无论大家喜不喜欢这本书，它都即将终结。每本书的跋我都要忆苦思甜，这次也不例外。

先来分享一下学习心得吧，抬起脖子太累，还是尽量少仰望几次吧。

学习这个事情啊，首先要心无杂念，脑子里的杂念越多，留给新知识新技能的空间就越少，什么“学不会怎么办?”“学不好怎么办?”“我都这么勤奋了，为什么还有甜点搞不定?”“×××说了，酥皮特别不好做，我可能也做不好”……这些念头都是多余的，学不会就学不会呗，又不会破产，更不会死。既然开始学了，就不要想太多，人生哪来那么多为什么、怎么办？学就是了。

然后呢，不要怕失败。

有些书喜欢强调零失败，作为一只擅长做阅读理解题的金牛，我来解释一下，他们其实是在强调他们提供的配方正确。

但是，即使配方没有问题，执行起来也可能出现偏差，纸上的东西和实际操作是两回事。拿星巴克的商业计划书开店，我就能做成同样庞大的国际企业？做梦还差不多。同一套太祖长拳，普通人练是家常武功，丐帮帮主乔峰练就是天下无敌，配方可是一样的哦。

没有人可以零失败，世上也不会有零失败的配方。学英语我们没发错过音？学数学回回都考一百分？学个烘焙那么容易啊？还零失败，你们倒是想得美！

来来来，敬请欣赏本金牛的扑街系列：

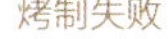
烤制失败

坍塌的泡芙

面包表面蛋液刷得太多

造型失败

我一点都不脸红哦。

失败从来都是人生的一部分，无可逃避，也无须忌讳，没有人不喜欢成功，但偏偏每个人都注定会有失败的经历，我们还是尽量和失败好好相处吧，越挫越勇方为正解。

无论结果是成功还是失败，我们的每次努力都在积聚能量，让自己对这个世界了解更多，见识更广。有些甜点暂时搞不定，很可能是因为我们正处在量变过程中，不放弃努力，就一定会等到破茧成蝶的那天。

再然后呢，学习不要讲天赋。

所有的学科到大师级的程度才需要拼天赋，成为托尔斯泰需要天赋，我们普通的文字工作者会写字就行了，像乔布斯那样改变世界需要天赋，一般程序员懂编程就有饭吃。本书所讲的内容仅仅属于入门级，即使你们有天赋，暂时也用不上，所以无论大家是否来自黑暗料理世家，之前有没有烹饪的经验，烘焙世界都欢迎你们。

不讲天赋，就要讲勤奋了。

我学摄影的时候，最开始完全感觉不到自己的进步，后来在一个摄影论坛里看到某“老司机”的分享：“每拍一张照片哪怕只进步三十万分之一，那也离目标更近了一点”，我觉得很有道理，不断地拍，不断地修图，不断地自我总结，不知不觉中就有了提高。

学烘焙也是一样，把时间拉长了看，我们和一周前比，水平可能差不多，但如果和两个月前比呢？会不会觉得自己厉害了很多？这就是勤奋的结果，正所谓日拱一卒无有尽，功不唐捐终入海。

最后，不要透支学习的热情。

看看，看看，金牛老师爱你们爱得死去活来啊，又怕你们不勤奋，又怕你们太勤奋，心都快操碎了。

学习，是讲究绿色环保可持续发展的，成功不能以透支热情为代价，靠毅力和坚持去实现短期目标没问题，但是，能支撑一个人一路拼到大师的唯有热爱。

我高中时期的学习，那真叫夜以继日、废寝忘食、夙兴夜寐、悬梁刺股、闻鸡起舞……简直比成语故事里的古人还励志，结果大一整整一年都当掉了——经常逃课，也不看书，天天吃零食看电影，好几门课六十分低飞过去，没办法，我就是不想学习，好在大二幡然醒悟，毕竟我对这个世界还是有欲望的。

我在本书开头也讲过，硬要七天学完本书，不是不可能，但是会“累觉不爱”。

听老师的，定个计划表，根据计划表的进度往前推，累了就停下来，反对蛮干苦干。

讲完仰望，再来讲讲苍穹。

我学习烘焙那会儿，人生遭遇了很多挫折，身体也很差，不知道未来的路要走向何方，付出很多却没有得到多少回报，有一种内心被掏空的感觉，世界以痛吻我，如何报之以歌？

幸好有一门叫烘焙的学科。

当我打开烘焙之门，对各种食材有越来越多的了解和认知的时候，从烤箱里取出一件件作品的时候，美滋滋地吃自己做的甜点的时候，我在一个崭新的世界里重新建立了自信心，这种愉悦的感觉正是生活给我的滋养。一个人怎样才能能量充沛、内心丰盈？不就是时时被滋养吗？

在这之前，我对工作、对学习都有过很多的错觉，我以为责任感和敬业精神最重要，一个人的真实感受可以忽略不计，但其实这是不对的，责任感和敬业精神都是对一件事情理性的爱，如果长期以来仅仅靠理性的爱来支撑，那么心理能量总有一天会消耗殆尽，心会枯竭。只有当一件事带来成就感、幸福感，那我们才是得到了滋养，得到了继续下去的动力。我们爱工作、爱学习，有时候要用脑，有时候要用心，有时候是理性的爱，有时候是感性的爱，缺一不可。

我也曾经以为感受不重要，情绪不重要，重要的是解决问题，只要问题解决了，一切负面情

绪都会清零，是烘焙把沉浸在各项事务中、处于和他人关系中的那个我召唤回来，让我关注内心——我惊讶地发现原来自己的感受如此丰富，我有正能量也有负能量，有欢喜也有怨恨。我并不是只有努力工作的时候才可爱，真实的自己也很有意思。

如果当时知道画画放空自我的效果更明显，那可能就学画画了，但是选择了烘焙，这就是我和烘焙之间的缘分。《武林外传》里郭芙蓉说她和秀才的感情："不仅包含了我跟秀才两个人，也包含了我们走过来的路，一步一个脚印，每一个脚印就像一道绳索，把我们俩捆在一起，越捆越紧，而那些没有绳索捆过的人，一阵风吹过就什么都不剩了。"这段话同样适用于形容我和烘焙的感情，这几年它对我的滋养让我觉得生命中不能没有它。我倒不是说只是烘焙这门学科很神奇，能让一个人慢慢恢复生命力，找到自信，每一门学科探究下去都很神奇，但烘焙的神奇我可是亲自验证过的。

烘焙的苍穹我点到为止，协助大家仰望一下，希望大家的学习不要止步于本书，很多世界级的大师做出来的甜点我都望尘莫及，你们要朝那个方向精进，到时就忘了我这个江南七怪级别的师父吧，找你们的马钰、洪七公、周伯通去吧。对内心世界苍穹的探究同样没有尽头，希望大家在未来的人生道路上能借助各种契机不断地认识自己，内心世界的充实和外部世界的成功同样重要。

最后祝大家学有所成，在学习烘焙的过程中获取新的生命力量。

多种优惠，尽情享用

（每券仅限使用一次）

半朵晴天
Semi Sunshine
半朵占星课程
体验券
★ 每个人都有以出生时间、地点定位的一张星图。
★ 星图，是一张意识的图谱，它帮助我们对于自我的认知与觉察。
★ 占星是为了更好地看清自己，更好地活出自己。
使用说明：凭此券可免费体验一堂占星课程

半朵晴天咖啡馆
图书主题的文艺咖啡馆
有你曾经梦想的样子
一面墙壁的图书
一杯秀色的咖啡
一个温暖的栖息地
半朵晴天
咖啡免单券
凭此券到店获免费咖啡一杯

五元代金券，
全场餐品通用。
先之味餐厅
北京市东三环中路1号
环球金融中心M层E4
（电话：15810986038）

持本书享受超级优惠
1、到R·S Cafe、Swanna Coffee全国各地门店消费享88折。
2、报名7天创业班课程直接优惠300元/人次。
一个充满缤纷香气的平台
扫码关注微信公众号
全世界好喝的咖啡全在里面